SOCIÉTÉ D'AGRICULTURE DE LA GIRONDE

Commission Permanente des Vignes

MÉMOIRE

SUR LA

MALADIE DE LA VIGNE

REMÈDES PRÉCONISÉS

PAR LES PHYLLOXÉRISTES ET LES ANTIPHYLLOXÉRISTES

Par M. A.-H. TRIMOULET

ENTOMOLOGISTE

Membre de la Société d'Agriculture de la Gironde,
Secrétaire de la Commission permanente des Vignes,
Membre de la Commission départementale de la Maladie de la Vigne
Trésorier de la Société d'Apiculture de la Gironde,
Membre de la Société Linnéenne de Bordeaux, etc., etc.

BORDEAUX
IMPRIMERIE DE F. DEGRÉTEAU
(Maison MÉTREAU)
RUE DU PARLEMENT-SAINTE-CATHERINE, 19.

1875.

5e MÉMOIRE

SUR LA

MALADIE DE LA VIGNE

REMÈDES PRÉCONISÉS

PAR LES PHYLLOXÉRISTES ET LES ANTIPHYLLOXÉRISTES

Par M. A.-H. TRIMOULET
ENTOMOLOGISTE
Membre de la Société d'Agriculture de la Gironde,
Secrétaire de la Commission permanente des Vignes,
Membre de la Commission départementale de la Maladie de la Vigne,
Trésorier de la Société d'Apiculture de la Gironde,
Membre de la Société Linnéenne de Bordeaux, etc., etc.

BORDEAUX
IMPRIMERIE DE F. DEGRÉTEAU
(Maison MÉTREAU)
RUE DU PARLEMENT-SAINTE-CATHERINE, 19.

1875.

S

La Commission permanente des Vignes de la Société d'Agriculture de la Gironde, dans sa séance du 12 septembre 1875, sur le rapport de M. Fabre de Rieunègre, a émis le vœu à l'unanimité, que le Mémoire de M. Trimoulet sur le Phylloxéra intitulé : *Remèdes préconisés par les Phylloxéristes et les Antiphylloxéristes*, soit imprimé aux frais de cette Société ; sous la condition que la responsabilité des appréciations et des opinions contenues dans ce mémoire, incombe à l'auteur.

(Extrait du Procès-Verbal de la Séance du 12 septembre 1875)

Le Président de la Commission,

Cte DE LA VERGNE.

A MONSIEUR

LE COMTE DE LA VERGNE

PRÉSIDENT DE LA COMMISSION PERMANENTE DES VIGNES DE LA SOCIÉTÉ D'AGRICULTURE DE LA GIRONDE.

Monsieur le Comte,

Les viticulteurs de France n'ont pas oublié le zèle, l'activité et la science dont vous avez fait preuve à l'époque où l'Oïdium menaçait et attaquait nos récoltes en compromettant d'une manière si inquiétante les intérêts Girondins en particulier.

On se souviendra aussi, Monsieur, je l'espère, de vos recherches et de vos travaux récents sur les moyens de combattre la nouvelle maladie qui menace aujourd'hui non-seulement nos récoltes vinicoles, mais la vigne elle-même dans son existence.

Permettez-moi, Monsieur le Comte, de vous dédier cet opuscule; je voudrais pouvoir vous en offrir la dédicace au nom de la viticulture tout entière si intéressée à vos travaux : je ne puis vous l'offrir que comme témoignage particulier de sympathie, et c'est à ce titre que je viens vous prier d'en accepter l'hommage.

J'ai l'honneur d'être avec respect,

Monsieur le Comte,

Votre très-dévoué serviteur,

A. H. TRIMOULET.

5e MÉMOIRE

SUR LA

MALADIE DE LA VIGNE

Remèdes préconisés par les Phylloxéristes et les Antiphylloxéristes

INTRODUCTION

Ce cinquième Mémoire, réservé spécialement à faire connaître tous les procédés employés jusqu'à ce jour pour combattre la maladie nouvelle de la vigne, a dû, par suite de la division en deux camps des personnes qui se sont occupées de la question, les Phylloxéristes et les Antiphylloxéristes, être divisé également en deux chapitres. Le premier aura pour titre :

1° *Systèmes Phylloxéristes :* Insecticides, contiendra les remèdes ayant pour but de détruire le puceron ou *Phylloxera vastatrix*, qui est regardé par eux comme la cause unique de la maladie. Le deuxième aura pour titre :

2° *Systèmes Antiphylloxéristes :* Engrais et moyens culturaux ; ce dernier contiendra au contraire tous les moyens culturaux ayant pour but de fortifier et de régénérer la vigne, ne considérant le puceron que comme un effet de cette même maladie. A ces deux premiers chapitres nous devrons en ajouter un troisième qui, sous le nom de :

3° *Système mixte :* Engrais-Insecticides, devra comprendre les remèdes dont les auteurs, afin de satisfaire toutes les exigences, n'osant se déclarer ni pour l'un ni pour l'autre, ont pris dans les deux écoles, en ajoutant aux engrais, des insecticides. Dans ce chapitre, on trouvera quelques procédés qui ont obtenu des résultats ; mais par suite de leur composition, les deux camps en revendiquent le succès à leur profit.

Pour répondre aux vœux qui m'ont été exprimés, et pour faire un travail utile à nos viticulteurs de la Gironde, je ne me bornerai pas à étudier les procédés essayés dans notre département par la Commission départementale et la Société d'Agriculture, mais je rendrai mon travail aussi complet que possible, en empruntant à la Commission départementale de l'Hérault, les résultats de ses expériences dans le domaine de Las Sorres, expériences dirigées avec autant de soins que de patience et d'habileté par son savant Président M. Marès, secrétaire perpétuel de la Société d'Agriculture de l'Hérault.

De cette manière, nos viticulteurs pouvant consulter cette nomenclature classée par lettre alphabétique, nous leur éviterons beaucoup de tâtonnements et d'essais infructueux, fort coûteux.

On verra aussi par les rapprochements que je me suis attaché à faire, que les procédés phylloxéristes ont été, presque en totalité, de nul effet; plusieurs ont été nuisibles et même ont tué la vigne.

Les procédés antiphylloxéristes ont donné des résultats, si ce n'est concluants, parce que le temps des observations n'a pas été assez long, du moins assez sérieux pour en continuer l'essai.

Dans un quatrième chapitre, fait spécialement pour éviter de longues recherches aux personnes qui voudraient étudier les essais obtenus au moyen de telle ou telle matière, j'ai placé toutes les substances employées dans la composition des divers remèdes indiqués dans les chapitres précédents, par ordre alphabétique avec les numéros d'ordre portés par les inventeurs, qui les ont employés dans leurs procédés.

Les procédés dont le résultat sera resté inconnu, doivent être considérés comme n'ayant pas été employés ou comme étant dénués de toute sorte d'efficacité.

I. — SYSTÈMES PHYLLOXÉRISTES

INSECTICIDES

1. ADHÉMAR (le Comte Roger d'), demande l'application de la *loi sur l'échenillage* au phylloxéra.

Résultat : sera nul ; cette loi serait impraticable.

2. ADHÉMAR (le Comte A. d') et G. BARRETTE, de la Pointe-à-Pitre, revendiquent l'idée de matières produisant le *sulfo-carbonate de potassium*.

Résultat : (Voir Dumas).

3. AGNOLESI, de Florence, propose les semis de lupin (*Lupinus albus*) entre les rangs de vignes pour la destruction du phylloxéra; on pourra ensuite les enterrer aux pieds.

Résultat : douteux.

4. ALCIATOR, de Marseille, propose un composé de *soufre* et de *camphre*, 3 gr. dans 1 litre d'eau.

Résultat : inconnu.

5. ALLIER : Dépôt aux pieds des vignes attaquées, d'un kil. de substance appelée *Anti-Philloxéra* par son inventeur ; M. Sahut dit 1 kil. tourteau de ricin.

Résultat : nul dans le Midi.

6. ANEZ : insiste, en 1869, comme moyen de défense sur les *cordons sanitaires, l'arrachage et le brûlis des vignes malades*.

Résultat : nul partout où il a été employé ; ruineux s'il fallait arracher toutes les vignes malades ; impraticable par la même raison et illusoire s'il était bon, par la surveillance incessante qu'il demande dans son exécution.

7. IDEM, soutient qu'il a la priorité pour l'emploi du *bisulfure de calcium*.

Résultat : nul.

8. IDEM, préconise la *submersion d'été*.

Résultat, très-douteux.

9. APPREDERINE, propose de semer du *plâtre* en poudre.

Résultat : nul.

10. AT (Ferd. de Mireval), propose de creuser des fossés, d'y déposer au fond des pierres de *chaux*, de faire cette opération en hiver de manière que la chaux se décompose par suite des pluies et tue le phylloxéra.

11. B. : Dépôt aux pieds de vignes, de quelques grammes du mélange de 485 gr. de *sulfate de fer* et de 15 gr. d'*acide arsenieux*, ensuite badigeonnage avec un liquide formé de 100 litres d'eau contenant 10 gr. de *tabac* et 5 gr. d'*acide arsenieux*.

Résultat : dans le Midi, complètement nul.

12. BAILLET, de Berthez, propose d'arroser les vignes malades avec une espèce de *piquette* dans laquelle il a fait infuser des feuilles de *tabac*.

Résultat : ne peut être bon.

13. BARREAU, d'Amiens : Emploi des *barrillets* d'*usine* à *gaz*.

Résultat : très-mauvais.

14. BARTHELEMY, de Montpellier, propose la culture de la *camomille* dans les vignes, pour détruire le phylloxéra.

Procédé resté sans application, ou dans tous les cas, sans effets.

Résultat : inconnu.

15. BAZILE (Gaston) : Proposition en 1869, de *greffer* les vignes sur des sujets qui échapperont aux phylloxéra, tels que le *cissus orientalis* et la *vigne vierge*.

Résultat : nul.

16. Idem : préconise, mais comme moyen héroïque, l'*arrachage* et le *brûlis* des vignes attaquées.

Résultat : nul.

17. Idem : préconise encore les *amendements sablonneux* et la *submersion*. Application restreinte.

Résultats : nuls.

18. BEAULIEU (le Hardi de), de Géorgie, préconise l'introduction des *vignes américaines*.

Résultat: déplorable pour nos crûs bordelais si la mesure était généralement admise.

19. BEC (L. de), préconise la *submersion* système Faucon.

Résultat : (Voir Faucon).

20. BEDOT : Badigeonnage des racines avec 1/15 de litre de *pétrole*.

Résultat : mauvais, quelques souches dans le Midi, n'ont repoussé que du pied.

21. BEGUERISSE, de Caudéran, propose un liquide composé de plantes américaines pour mettre au pied de la vigne.

Résultat : inconnu.

22. BELENET, de Vesoul (Haute-Saône), propose l'emploi contre le puceron d'un *schiste bitumineux*.

Résultat : inconnu,

23. BELUGOU : Arrosage des ceps déchaussés, avec 3 gr., 7 gr., 15 gr. et 19 gr. d'*arséniate de potasse* dans 10 litres d'eau.

Résultat : dans le Midi, complètement nul.

24. BERTON de Vaucluse, a fait *arracher* et *brûler* ses vignes malades.

Résultat : complètement nul.

25. BIJOU Fils, de Gironville : Enfouissement de feuilles de *tabac* aux pieds de vigne.

Résultat : impraticable et mauvais.

26. BLANCHARD (L.-H.) : propose en 1859, l'emploi de l'*acide phosphorique*, sous forme de *phosphate acide de chaux liquide*, contre le phylloxéra.

Résultat : très-douteux.

27. BOISSEZON : Dépôt de 1 litre de *plâtre* à chaque pied, et *badigeonnage* du tronc avec un *liquide particulier*.

Résultat : complètement nul.

28. BOISSIÈRE, de Bordeaux : *Remède secret*

Résultat : inconnu.

29. BOITEAU (P.), de Villegouge, propose l'emploi du *badigeonnage* des souches avec un *insecticide* après les avoir au préalable décortiqués.

Résultat : plus que douteux.

30. BON (Pierre), jardinier à Lunel, propose un *liquide secret*.

Résultat : dans le Midi, fort douteux.

31. BORDE DE TEMPEST, de Montpellier, préconise les insecticides et spécialement les *inondations*, et suivant divers auteurs donne des moyens pour employer ce dernier procédé.

Résultat : s'il peut être bon, impossible à réaliser dans beaucoup d'endroits.

32. BOUNIOL : Arrosage des ceps avec 2 litres d'*eau de mer*, 5 litres d'*eau ordinaire* et un peu de *chaux*.

Résultat : dans le Midi, complètement nul.

33. BOURDEVIN, de Paris, propose culture de *chanvre* intercalaire.

Résultat : déjà proposé inutilement,

34. BOUSCAREN (Jules), de Montpellier, propose d'enterrer aux pieds des ceps des *déchets de tabac*.

Résultat : presque nul.

35. BOUSCHET (H.), préconise pour la transformation des racines françaises en racines américaines, l'emploi de la *greffe qui porte son nom*.

Résultat : procédé bon.

36. BRADLEY : Dépôt de *naphtaline*, donner un labour immédiatement après.

Résultat : doit être nul.

37. BREYSSE : Badigeonnage des ceps avec une décoction de 10 kil. de *feuille de tabac* dans 100 litres d'eau, contenant 5 kil. de *sel marin* et 6 kil. de *craie*.

Résultat : dans le Midi, complètement nul.

38. BRUNET (Ch.), de Bordeaux : Emploi de schiste en arrosage.

Résultat : très-mauvais pour la vigne.

39. BUELTNER (Von) : Badigeonnage des ceps avec *lait de chaux* et dépôt d'une cuillerée à café *d'huile de pétrole* sur les racines déchaussées.

Résultat : dans le Midi, complètement nul.

40. BURNAND : Dépôt aux pieds déchaussés de 50 gr. d'un mélange formé de 200 gr. de *sulfate de cuivre*, de 285 gr. de *sulfate de fer* et de 15 gr. d'*acide arsénieux*.

Résultat : dans le Midi, complètement nul

41. BUSSON, d'Angoulême, propose une pompe à refoulement pour introduire dans le sol, à une profondeur de un mètre, un toxique quelconque, liquide ou gazeux, soit l'*acide sulfureux* ou autre.

Résultat: inconnu.

42. BUSTARET de Bordeaux : Arrosage des ceps malades avec 1 à 6 litres, suivant la nature du sol, d'un liquide secret appelé par l'inventeur *ampelosine*.

Résultat : jusqu'ici nul. — *Procédé à l'étude*.

43. CAILLET : Arrosage avec une décoction de 200 gr. de *fleurs de coquelicots* et de 14 litres d'eau.

Résultat : dans le Midi complètement nul.

44. CARMAGNOLLE : Dépôt d'un 1/2 décalitre de *tan* dans des fossés creusés entre les rangs de vignes.

Résultat : dans le Midi, complètement nul.

45. CARRIER de Lalinde (Dordogne), fait un trou sous le pied de vigne, recouvre avec des planches et du gazon, puis brûle dans la cavité une *mèche soufrée*.

Résultat : à revérifier.

46. CATALA, brûle 4 gr. de *bisulfure de mercure* ou *cinabre* dans trois trous pratiqués dans le sol au pied de chaque cep.

Résultat : dans le Midi, complètement nul.

47. CAUSANS (de) : Essais de *pyrites ferrugineuses*, et de *pyrites de cuivre*.

Résultat : nul et dangereux pour la vigne.

48. CAUVY, de Montpellier, préconise l'emploi du *sable*.

Résultat : très-douteux, employé seul.

49. Idem, conseill l'emploi de *goudron* et d'*eau ammoniacale*.

Résultat : nul.

50. CAZALIS (Fréd.), préconise dans son journal le Messager agricole du Midi, l'*arrachage* et le *brûlis* des vignes attaquées.

Résultat : impraticable et très-coûteux.

51. Idem, conseille, au point de vue préventif et curatif, l'emploi d'*eau de mer* ou d'*étang en arrosage*.

Résultat : inconnu, mais l'appliaction serait presque toujours très-coûteuse.

52. CHABAUD (B.), préconise les *engrais* et les forts *arrosages*.

Résultat : doit être bon.

53. CHAINE (Isidore), considère l'*eau* comme le meilleur remède.

Résultat : très-incertain employée seule.

54. CHAMBON : Arrosage et badigeonnage des ceps avec une décoction de 30 gr. de *tabac* dans 5 litres d'eau, et dépôt, au pied, de quelques pincées de *tabac*.

Résultat : dans le Midi, complètement nul.

55. CHANGEUR, de Paris, propose un mélange de 1 litre *acide sulphurique* dans 10 litres d'*eau*, et mettre 1 litre par pied tous les 8 jours jusqu'à guérison.

Résultat : doit être mauvais.

56. CHANTRIER : Arrosage des ceps avec une solution de 1/10 de litre d'*amer de quinquina* dans 10 litres d'eau.

Résultat : dans le Midi, mauvais pour la vigne.

57. CHARMAUX (Dr-M.), à Vichy, indique le moyen suivant : Déchausser les pieds de vignes, recouvrir les racines principales d'un mélange de 100 parties de *sulfate de soude anhydre* et 70 parties de *carbonate de chaux*, afin de produire un dégagement de gaz *acide carbonique*.

Résultat : nul.

58. CHARMET, préconise l'*eau pyriteuse de Saint-Bel* qu'il a employée avec succès dans les vignobles de Soucieu.

Résultat : si le procédé est bon, il est impraticable.

59. IDEM : Dépôt aux pieds des ceps d'un *insecticide* composé *d'urine fermentée* additionnée d'une forte proportion d'*huile de cade* et de *composés phéniques*. On emploie *150 grammes par cep* pour traitement préventif, 200 gr. pour la première période, 250 gr. pour la deuxième.

Résultat : complètement nul.

60. CHATELAIN ET TONDEUR, recommandent le remède secret appelé *apathophyte* qui serait, dit-on, une sorte de *savonule* contenant une *huile sulfurée* dérivant du *caoutchou vulcanisé*.

Résultat : inconnu.

61. CHEVALIER fils, de Crottes-St-Thomé (Ardèche) : Arrosage des ceps avec une infusion de 500 gr. de *feuille de noyer* ou de *coquilles de noix fraîches* dans 10 litres d'eau.

Résultat : dans le Midi, complètement nul.

62. CLOEZ, de Paris, préconise l'arrosage des ceps par une *liqueur insecticide* composée de la manière suivante : 100 gr. de *quassia amara* en copeaux, 20 gr. de *graines de staphysaigre* réduites en poudre, 3 litres *eau*; faire bouillir jusqu'à réduction à 2 litres.

Résultat : inconnu.

63. COMBES-DALMA, de Bordeaux, propose de faire un ou deux *trous verticaux*, dans les ceps avec une vrille ou un vilebrequin et d'y verser de l'essence de *térébenthine*.

Résultat : dans le Midi, nul; dans la Gironde à l'étude; paraît donner quelques espérances.

64. COMBET ET DUBOIS (E.), de Nîmes, proposent comme moyen préservatif contre le phylloxéra, l'emploi du *goudron* de Norwége, additionné d'*aloès* et appliqué en badigeon sur le bas des ceps, préalablement déchaussés.

Résultat : très-problématique.

65. COMMISSION DÉPARTEMENTALE DE L'HÉRAULT : Arrosage des ceps avec 10 litres d'un liquide formé d'un d'*acide phénique anglais* pour cent *d'eau*.

Résultat : complètement nul dans le Midi.

66. IDEM : Arrosage des ceps avec 10 litres d'un liquide formé d'un d'*acide phénique français* pour cent d'*eau*.

Résultat : complètement nul dans le Midi.

67. IDEM : Arrosage des ceps avec 10 litres d'un liquide formé d'un d'*acide phénique cristallisé* pour mille d'*eau*.

Résultat : complètement nul dans le Midi.

68. Idem : Arrosage des ceps avec 10 litres d'un liquide formé de deux d'*acide phénique français* pour mille d'*eau*.

Résultat : dans le Midi, complètement nul.

69. Idem : Arrosage des ceps avec 10 litres d'une solution composée de deux d'*acide phénique anglais* pour mille d'*eau*.

Résultat : dans le Midi, complètement nul.

70. Idem : Arrosage des ceps avec 10 litres d'un mélange de deux d'*huile de cade*, dans trois de *carbonate de soude* pour mille d'*eau*.

Résultat : dans le Midi, complètement nul.

71. Idem : Arrosage des ceps avec dix litres d'*eau de mer*.

Résultat : dans le Midi, complètement nul.

72. Idem : Dépôt au pied des ceps de 2 à 10 litres de *sables de mer*.

Résultat : dans le Midi, complètement nul.

73. Idem : Même procédé avec 10 à 50 litres d'*eau de mer*.

Résultat : complètement nul dans le Midi.

74. COMY, préconise l'emploi du *sulfure de carbone*.

Résultat : très-dangereux pour la vigne.

75. CONDAT : Arrosage des ceps avec un *liquide particulier*, pur ou mélangé d'*eau*. L'on prétend que c'est de l'*huile lourde de gaz*.

Résultat : mort de tous les pieds dans le Midi.

76. COPE, de Birmingham (Angleterre) : Arrosage des ceps avec une décoction de 500 gr. de *feuilles de sureau* dans 14 litres d'*eau* à laquelle on ajoute 50 gr. de *chaux* et d'*argile*.

Résultat : complètement nul dans le Midi.

77. CORNU, de Salon, a proposé divers remèdes curatifs et préservatifs, mais ne les a pas indiqués.

Résultat : reste inconnu.

78. COURSANT, de Bordeaux, propose l'emploi du *sulfo-carbo-calcaire*.

Résultat : inconnu.

79. COURTOIS, près St-Martin-de-Crau, préconise les *submersions d'été*.

Résultat : contesté.

80. CRILLON (Alexandre), d'Avignon, propose de laisser les *vignes incultes* pendant deux ans.

Résultat : n'a pas été essayé.

81. CROISIER, de Reims, propose les *sulfures de calcium* et de *sodium* en arrosage ou mélangés avec des *engrais*, ou associés avec de la

chaux hydratée, de l'*alun,* du *sulfate acide de soude,* du *sulfate de fer,* etc., etc.

Résultat : inconnu.

82. CUEILLE aîné, propose un *remède secret* pour détruire le phylloxéra qu'il a découvert sur les échalas de vignes et qui ont été constaté par M. Dupuy, pharmacien à Branne.

Résultat : un autre insecte a été pris pour le phylloxéra.

83. CUREL, de Sarrians, propose de la *cendre de chaux* mélangée avec du *goudron de gaz.*

Résultat définitif : inconnu.

84. DABRY, consul de France en Chine, dit que dans ce pays on se sert d'huile d'*Elæococca verniciflua* (Euphorbiacée), en enduit ou en fumigation pour détruire les insectes souterrains.

Résultat : inconnu.

85. DAVID, de Boston (États-Unis), préconise un *remède secret.*

Résultat : n'a pas encore été employé.

86. DELEUZE, de Paris, recommande l'*acide phénique en poudre,* 1/2 kil. par souche préalablement déchaussée.

Résultat : inconnu.

87. DELLORT, propose l'emploi du *sulfure de carbone* à 30 gr. par souche.

Résultat : presque toujours dangereux.

88. DEMOLE, de Cremes-Dossey, préconise l'emploi d'une légère couche de *charbon de terre* en poudre, pour éloigner le phylloxéra.

Résultat : nul.

89. DENIS, emploie le fumier de ferme et l'*échaudage à l'eau bouillante* à 70° avec *jus de tabac* 10 °/₀ et *eau* 90 °/₀

Résultat : vigne à Vaux-Renard, devenue très-belle, cela dépend peut-être du terrain.

90. DERONZIER : Dépôt au pied des ceps de 1 litre de *suie* arrosée avec de l'*eau* contenant 1/2 litre de *chaux,* de la *suie,* du *vinaigre,* du *vert-de-gris* et de la *fleur de soufre.*

Résultat : complètement nul.

91. DESMARTIS (Docteur), de Bordeaux, préconise l'emploi du *soufre coaltaré.*

Résultat : nul.

92. IDEM, préconise l'*inoculation* faite à la vigne de l'*acide procrique* ou *carbo-azotique,* de la *fuchsine,* de la *carmine.*

Résultat : nul.

93. DESPLANS (Léopold), d'Orange, propose de semer des *fèves* pour attirer le philloxéra.

Résultat : nul dans le Midi.

94. DORÉ, de Paris, propose l'emploi de la composition suivante : 1 kil *chaux vive*, 60 gr. *fleur de soufre*, 7 kil. *eau*.

Résultat : inconnu.

95. DOUMERGUE, propose d'arroser la vigne avec 2 litres d'une dissolution sursaturée de *sous-acétate* de *cuivre* mêlée avec 10 litres d'*eau* par souche.

Résultat : complètement nul dans le Midi.

96. DUBOIS, de Nîmes : Badigeonnage des racines et des ceps avec du *goudron* de Norwége, 1/8 de litre dissous dans du *carbonate de potasse*.

Résultat : nul dans le Midi.

97. DUBOIS (G.-R.), de Lausanne, propose d'empoisonner le puceron au moyen de *miel* ou de *mélasse* arseniqué.

Résultat : complètement nul.

98. DUMAS, a proposé le *sulfo-carbonate de potassium* pour détruire le phylloxéra. M. Mouillefer, délégué de l'Académie, a constaté que la dissolution de ce sel ne nuisait nullement à la plante et que c'était le plus terrible insecticide, tous les phylloxéras étant tués.

Résultat pratique : très-incertain et surtout très-contesté.

99. IDEM, a proposé le *sulfhydrate d'ammoniaque*.

Résultat pratique : encore très-douteux.

100. DUNN MALCOM, de Powerscourt (Irlande), a essayé dans ses serres de détruire le phylloxéra en *taillant* et *nettoyant les parties aériennes*, *supprimant les racines altérées* et *déformées*, *lavant* et *brossant rigoureusement* tout le reste, *changeant la terre* et *replantant* avec soin ; a réussi à sauver ses vignes.

R. Ce procédé est-il sérieux et peut-il s'appliquer en grand ? — Le résultat est-il obtenu par suite de la destruction du phylloxéra ou plutôt au soin donné à la vigne ?

101. DUPUIS : Arrosement des ceps avec 12 gr. 5 de *carbonate de soude* dissous dans 1 litre *d'eau* additionné de 50 gr. de *chlorure de chaux*.

Résultat : dans le Midi complètement nul.

102. DUPUY, de Nîmes, indique de creuser un trou dans l'intérieur de la souche et d'y introduire du *sulfure de potassium* réduit en boulette, après quoi l'on mastique le trou.

Résultat : à vérifier.

103. DUSSAU, propose l'emploi du *gaz sulfhydrique*.

Résultat : très-incertain.

104. ENNEMENT, de Cluny, propose un insecticide sous le nom de *sirop antiphylloxéra d'urine de cheval* à la dose de trois litres par cep.

Résultat : inconnu.

105. ESCOFFIER, conseille l'emploi des *pyrites ferrugineuses* et les résidus de ces mêmes pyrites accumulés au Pontet.

Résultat : douteux.

106. ESPINE (Marquis de l'), préconise l'emploi *du soufre*, *l'inondation*, et les *fumures abondantes*.

107. FABRE, de Saint-Clément, préconise comme M. Laliman de Bordeaux, l'emploi des cépages américains spécialement les *Clintons* et les *Taylors*.

Résultat : (Voir Laliman).

108. FALIÈRES, de Libourne, propose l'emploi d'un mélange de 75k. de *plâtre* avec 8 à 9 k. d'*huile lourde liquide*, et 17 à 18 k. d'*huile lourde solide*, le tout devant être jeté et recouvrir le sol.

Résultat : nul jusqu'à ce jour.

109. Idem : *Plâtre carbolé* répandu à la volée sur le sol.

Résultat : complètement nul.

110. FAUCON, de Graveson, préconise l'*inondation* des vignes, *prolongée* l'hiver, pendant plus d'un mois, les *arrosages* et les *irrigations*, il prétend ainsi noyer l'insecte. A renouveler tous les ans, il obtient un bon résultat.

Résultat : on retrouve toujours des insectes, le danger reste le même.

111. FAULQUIER, de Montpellier, propose l'arrosage avec une *lessive de savon*.

Résultat : inconnu.

112. FICHET, propose un *insecticide*, que l'on prétend être le *sulfure de carbone*.

Résultat : inconnu, mais ne peut être que mauvais.

113. FLAHAUT : Arrosage des ceps avec 3/4 de litre d'un mélange de 12 litres, d'un *liquide particulier* et 20 litres d'*eau*.

Résultat : dans le Midi, complètement nul.

114. FOLLIET (P.) d'Amance, emploi d'un *insecticide secret*.

Résultat : inconnu.

115. FOREL, prof. à l'Académie de Lausanne, voudrait que les administrations locales eussent les *mêmes pouvoirs* contre les *maladies conta-*

gieuses comme le phylloxéra, que contre les *épidémies* et les *épizooties*.

Résultat : nul, cette loi serait impraticable.

116. FOUQUE, préconise l'emploi du *sulfure de carbone*.

Résultat : nul, idée purement théorique.

117. FREMONT-LAFFARGUE : Arrosage de ceps avec un *liquide particulier*.

Résultat : dans le Midi, complètement nul.

118. GACHASSIN-LAFITE (L.), de Bordeaux, propose sous le nom de *Rhizoplastie*, l'adjonction aux vignes françaises de racines de vignes américaines.

Résultat : Procédé resté sans application, mais digne d'être étudié.

119. GACHASSIN-LAFITE (G.), de Libourne, propose de dissoudre le *sulfure de carbone* dans un corps gras, de le mélanger ensuite dans une certaine quantité d'*eau* rendue *alcaline* et de s'en servir en arrosage.

Résultat : non vérifié, à étudier.

120. GANNERON, inventeur d'un *appareil* pour introduire le gaz toxique dans la terre.

Résultat : non vérifié.

121. GÉNEVIÈRE : Traitement comme antiseptiques, *silicates, basiques de fer* et d'*alumine*, traités par de l'*acide sulfurique* étendu.

Résultat : inconnu.

122. GEORGE (L.), d'Avignon, préconise un *remède secret* appelé *mortifère aphydien*.

Résultat : négatif dans le Midi.

123. GERVAIS : Arrosage des ceps avec une décoction de 10 gr. de *camphre* dans un litre d'eau à laquelle on ajoute ensuite 25 gr. d'*ammoniaque* et 25 gr. de *chaux*.

Résultat : dans le Midi, nul.

124. GORSE : Dépôt au pied de vigne de 50 gr. d'une *poudre particulière* et de 10 litres d'eau.

Résultat : dans le Midi, nul.

125. GOUHET, de Thiers, propose de badigeonner et de verser au pied de la souche la composition suivante : *goudron de houille*, 75 kil.; *suie ordinaire*, 10 kil.; *sel marin*, 2 kil. 05; *aloès*, 5 kil.; *eau ordinaire*, 12 kil. 05.

Résultat : inconnu.

126. GOURDON, de Bordeaux, propose l'emploi d'une composition qu'il appelle *sulfure de potassium* composée de : 25 % de potasse à l'état de *trisulfure*, 25 % sulfure de sodium, 25 % chlorure de potassium, 25 % sulfate de potasse.

Résultat : inconnu.

127. GUICHETEAU (F.), de New-Yorck. Le procédé consiste à enfoncer *un* ou *deux clous* dans la souche malade.

Résultat : ce moyen n'a pas été essayé.

128. HANIN (Guillaume de), membre de la Société d'Agriculture de Vienne, propose d'employer de l'*allyle* (ou acryle $C^6 H^5$) ou mieux encore de l'huile d'ail ou sulfure d'*allyle* ($C^6 H^5 S$). Décoction concentrée d'ail employée en arrosage sur les vignes atteintes aurait un succès décisif. Cela ne risquerait-il pas de donner au raisin une saveur aliacée ?

Résultat : inconnu.

129. HENIN-HUSSON : Badigeonnage des pieds de vignes avec une solution de 6 gr. *de savon vert*, de 2 gr. de *cristaux de soude* et 1/8 de litre *d'eau*.

Résultat : dans le Midi, complètement nul.

130. HONNORAT, de Rians : Dépôt d'un *liquide particulier* dans des trous faits au pied des ceps, 1/2 verre par trou.

Résultat : dans le Midi, complètement nul.

131. HORTOLES, de Montpellier, préconise l'arrosage avec une macération de *tabac* dans de *l'eau*.

Résultat : complètement nul.

132. HUZARD, propose l'arrosage des pieds avec un litre d'eau contenant 50 gr. *silicate* de *soude*.

Résultat : inconnu.

133. IDEM, propose l'arrosage avec de l'eau renfermant du *tannin*.

Résultat : ne doit pas être satisfaisant.

134. IM-THURN (Emile) préconise l'emploi de l'*acide phénique* et *carbolique*.

Résultat : dangereux pour la vigne.

135. JAILLE : dépôt d'un *engrais antiphylloxérique* au pied des vignes attaquées,

Résultat : inconnu

136. JEANJEAN : 2 k. 500 gr. *chaux vive* déposée avec 10 litres d'eau au pied des ceps, puis éteinte, de façon à former un glacis au pied de chaque souche.

Résultat : dans le Midi, complètement nul.

137. JOUBERT (P. Ch.) préconise l'introduction dans le sol de *gaz toxiques* tel que le *gaz sulfureux*, au moyen d'un appareil construit par M. Ganneron.

Résultat : complètement nul.

138. Inza, propose, pour détruire l'insecte, l'action toxique d'une solution aqueuse de *poudre à canon;* verser 1/2 litre dans un trou creusé par un pal en fer au pied de chaque cep.

Résultat : nul.

139. JOUET (L.), avait proposé depuis 1872, l'emploi du *sulfure de carbone*

Résultat : très-mauvais pour la vigne.

140. JOURDES, à Graveson, préconise l'emploi des *inondations hivernales* pour détruire le phylloxéra.

Résultat : application restreinte.

141. LACROIX, de Valréas, préconise l'emploi de divers insecticides, de *sel marin*, de *chaux*.

Résultat : nul.

142. LAFFANAU (Cyp.), propose le dépôt, au pied des souches, de *brou de noix*.

Résultat : complètement nul.

143. LALIMAN (L.), de Bordeaux, recommande l'*écobuage* dans les terres de plantations des ceps et l'introduction comme insecticide préventif, de la *résine brute du pin*.

Résultat : complètement nul.

144. Inza, préconise, après une pratique de 6 ans, l'introduction de certaines *vignes américaines*, pour remplacer les cépages français attaqués ou comme porte-greffes ; il recommande aussi certaines vignes françaises.

Résultat : à vérifier.

145. LANDIRAU, de Lancloître : *Remède secret*.

Résultat : inconnu.

146. LAMBIN, propose la *nicotine* étendue d'eau en arrosage pour détruire le phylloxera.

Résultat ; très-douteux.

147. LARCADE : arrosage des ceps avec *12 litres acide sulfurique du commerce dilué à 3 degrés de densité*.

Résultat : dans le Midi, complètement nul.

148. LASSERRE, dépôt dans *des trous horizontaux*, faits avec une vrille ou un vilebrequin aux souches de vignes, d'une *matière inconnue*.

Résultat : non vérifié.

149. LAURIOL : Arrosage des ceps à diverses reprises, avec 50 gr. de *savon* dissous dans 20 litres d'eau.

Résultat : dans le Midi, complètement nul.

150. LAVAL (Henri), de Carpentras, préconise l'emploi du *coaltar* pour combattre le puceron : 300gr.

Résultat : négatif, malgré quelques réussites dans le Midi.

151. LAVAL, de Paris, préconise l'emploi du *sulfure de carbone* introduit dans la terre au moyen de trois trous faits à côté du cep.

Résultat : dangereux pour la vigne.

152. LEBON, de Paris, propose la dissolution suivante : 1 kil. de *chaux vive* dans 1 hectolitre d'eau, 10 kil. de *sulfate de cuivre* dans 1 hectolitre d'eau, 15 kil. de *soufre en poudre*, isoler la vigne avec un cordon de *coaltar*.

Résultat : procédé impraticable.

153. LECOMTE-TRIDAN, de Bordeaux, propose de semer le *chanvre* comme plante intercalaire, affirmant que son odeur chassera le phylloxéra.

Résultat : nul.

154. LEENHARTD (Henri) : Dépôt, dans des trous faits au pied des ceps, de 1/7 de litre *d'acide phénique français pur*.

Résultat : 7 ceps sur 25 opérés sont morts; très-mauvais pour la vigne.

155. IDEM, modifie son premier procédé et propose l'*acide carbolique*, réduit avec de l'*eau* au 100me, introduit dans le sol par des trous pratiqués avec un pal en fer de son invention, 5 à 10 litres d'*eau carbolisée*.

Résultat : complètement nul, n'est pas décisif d'après M. Planchon.

156. IDEM : Badigeonnage des souches avec le *coaltar*.

Résultat : complètement nul.

157. LEFEBVRE : Badigeonnage des ceps avec une solution composée de 1 litre d'un *liquide particulier* dans 100 litres d'*eau*.

Résultat : mauvais pour la vigne, qui dépérit dans le Midi.

158. LEMAIRE (D^{r}.), de Paris, préconise un *phénate de potasse* composé, peu stable, que l'eau décomposerait facilement.

Résultat : inconnu.

159. IDEM, préconise la *terre coaltarée*, 3 % de *coaltar*.

Résultat : complètement nul et même nuisible à la vigne.

160. LEMOINE, de Bourges : Badigeonnage des ceps après avoir nettoyé la souche malade et mis à nu l'écorce, avec une solution composée de 1 kil. d'*acide nitrique* à 40 degrés, étendus dans 5 litres d'*eau*, 2 gr. *essence de térébenthine* et 4 gr. de *jaune de chrome*; le tout pour 25 souches.

Résultat : dans le Midi, complètement nul.

161. **LEYDIER** Frères, de Gigondas : emploi de matières toxiques *chaux, acide phénique, goudron, coaltar.*

Résultat : à peu près nul.

162. **LICHTENSTEIN** (J.) de Montpellier, préconise l'emploi de 250 *boutures de vignes*, sur un terrain occupé par 25 ceps, devant servir d'*appâts* au phylloxéra qu'on enlèverait et brûlerait ensuite.

Résultat : complètement nul dans le Midi.

163. Idem, propose de propager le *Nysius cymoïdes* comme *cannibale* du phylloxéra, en application de l'idée à tout autre insecte mangeur de puceron : l'*antocoris insidiosus* d'Amérique, les *syrphus*, les *coccinelles* les *anthocoris nemoralis* d'Europe.

Résultat : inconnu, mais doit être bien insuffisant.

164. Idem, propose, en 1870, *l'arrachage et le brûlis*, en place, des vignes attaquées.

Résultat : complètement nul.

165. Idem, propose encore de *recueillir* et de *brûler* les *feuilles gallifères* qui recèlent l'insecte.

Résultat : complètement nul, le phylloxéra ne *produisant pas de galles sur les vignes françaises*, du moins jusqu'à ce jour.

166. Idem, recommande, entre autre remède, le *bisulfure* ou *polysulfure de calcium*.

Résultat : complètement nul.

167. **LOARER** (Ed.), de St-Girons (Ariège) : arrosage des ceps avec 4 litres *d'eau* contenant 4 gr. de *sulfure d'arsenic, orpiment rouge* employé dans l'Hindoustan.

Résultat : dans le Midi, complètement nul.

168. **LOURDET** a pris un brevet d'invention sur l'avis de M. Dumas pour l'emploi d'un mélange de 6 parties de *sulfure de potassium*, de 3 parties de *salpêtre* et 1 partie de *poudre d'os*.

Résultat : inconnu.

169. **LOYRE** (de la); absorption par les ceps malades de liquides destinés à écarter le phylloxéra, tel que *sulfate de fer*.

Résultat : complètement nul.

170. **LUGOL**, de Campuguet, essaye l'emploi d'une *vapeur phénique*.

Résultat : nul.

171. **MAILLARD** : Dépôt au pied des ceps déchaussés d'un 1/2 litre de *poudre particulière* répandue ensuite sur toute la surface du sol.

Résultat : dans le Midi, complètement nul.

172. **MAILLET** : (Chevalier) Ebourgeonnement et *pincement des sar-*

ments, arrosage des ceps avec 6 litres d'un liquide *particulier* et dépôt au pied d'un quart de litre d'une poudre appelée *antiputride*, et arrosement entier du pied avec le même liquide.

Résultat : dans le Midi, nul.

173. MALVEZIN, de Bordeaux, propose l'arrosage à la lance, des pieds de vignes, avec un insecticide; choisir de préférence le *pento-sulfure de potasse* (ou plutôt de *soude*), et encore mieux le *pento-sulfure de chaux*.

Résultat : inconnu, mais ne peut être bon.

174. MANDEVILLE : Badigeonnage des racines de 200 ceps avec 1 litre d'un *liquide particulier* étendu d'*eau*.

Résultat : dans le Midi, complètement nul.

175. MANSE, propose de détruire le phylloxéra au moyen de fortes *commotions électriques*.

Résultat : complètement nul.

176. MARCHAND, de Perpignan, préconise l'emploi du *soufre en vapeur*, de l'*acide sulfureux*, de l'*acide sulfhydrique*, du *sulfure de potasse* en arrosage, et des *engrais* susceptibles de dégager de l'*hydrogène sulfuré*.

Résultat : dans le Midi, complètement nul.

177. MARTIN (Louis de), préconise un *tube pal* pour introduire dans le sol le *sulfure de carbone* pour la destruction du phylloxéra.

Résultat du tube : inconnu.

178. MASSON (Cél.) de Courthezon, préconise l'*inondation* après avoir reconnu l'inefficacité de la chaux vive, de la chaux ammoniacale, de l'eau ammoniacale de gaz, de l'huile de goudron, des tourteaux de colza et de l'arrosage. — *Ces vignes ont depuis été détruites.*

179. MAUDUIT, de Chartres : Culture de *madia sativa* autour des ceps.

Résultat : complètement nul dans le Midi.

180 MAURICE, chef de gare à Tonneins, propose d'arroser les vignes malades avec 100 *à* 200 gr. de *jus de tabac* délayé dans de *l'eau*.

Résultat : nul.

181. MEYNARD, a essayé le *chaulage* depuis mai 1868.

Résultat : complètement nul.

182. MILHE : Dépôt au pied des vignes d'un kil. d'une *poudre secrète* et arrosage avec 10 litres d'un *liquide particulier*.

Résultat : dans le Midi nul.

183. MILIUS (Alph.) et Cie, proposent l'emploi de 10 kil. de *cyanure de potassium* dans 100 litres d'eau ; on met 1/2 litre de liquide préparé

dans un tube en fer enfoncé au pied du cep, que l'on retire ensuite après s'en être servi 2 fois à chaque pied.

Résultat : non vérifié mais paraît très-douteux.

184. MIQUEL de Bordeaux, a électrisé un certain nombre de pieds au moyen de l'*électricité dynamique*.

Résultat : non vérifié.

185. Idem : même essai avec *électricité statique*.

Résultat : non vérifié.

186. MIR frères, ALBOUY et ZAR : Fumure des ceps avec 700 gr. à 1 kil. d'un *engrais particulier*.

Résultat : complètement nul dans le Midi.

187. MIZERMONT : Arrosage des ceps avec 5 litres d'eau et 2 litres d'un *liquide particulier*.

Résultat : dans le Midi, complètement nul.

188. MOCQUET, de Paris, propose de faire d'abord *brûler toutes les vignes américaines*, cause de la contagion, puis, d'appliquer son *phylloxéricide spécial* au collet de la souche de toutes les vignes attaquées, après avoir légèrement écarté la terre, sans la rapprocher ensuite.

Résultat : nul.

189. MONESTIER, LAUTANT et d'ORTOMAN : 50 à 75 gr. de *sulfure de carbone* dans chacun de trois trous de 0,80 c. de profondeur fait autour des ceps et bouchés immédiatement.

Résultat : pieds de vigne très-endommagés.

190. MONESTROL (de), de Toulouse, propose un agent chimique composé de 15 à 20 gr. *d'acétate de plomb* (sel de mercure) et 250 gr. de *guano de Pérou* qu'il porte aux racines de la vigne au moyen de vases irrigateurs.

Résultat : ne peut être bon.

191. MONICAULT, propose d'arrêter la maladie par une *taille à lui*, faite de suite après les vendanges; faire une 2e taille en mars, donner un coup de pinceau sur la coupe du sarment au *sulfure humide*, et recommencer en juin et juillet en épamprant.

Résultat : inconnu, très-douteux.

192. MONIER, a circonscrit la partie malade de sa vigne par un *fossé* qu'il a rempli de pierres à *chaux*, et qu'il a ensuite arrosée abondament.

Résultat : douteux, n'a pas été constaté.

193. MONTJALLARD : Dépôt, dans des trous pratiqués autour des ceps, de 35 gr. *de soufre* avec une solution de 15 gr. de *savon vert*, 150 gr. de *suie de bois*, 35 gr. de *sulfure de calcium* dans 15 litres d'eau.

Résultat : dans le Midi, complètement nul.

194. MOURGUE : Dépôt de 30 gr. de *noix comique*, comme moyen préventif, au pied des ceps ; et comme moyen de guérison, arrosage des racines avec une décoction de 20 gr. de la même substance dans 10 litres *d'eau*.

Résultat : dans le Midi, complètement nul.

195. MOURRET (E.), propose *la taille sévère* des vignes afin de rétablir l'équilibre entre leurs parties aériennes et leur système radiculaire compromis par le puceron.

Résultat : inconnu.

196. MULCEY, de Marseille, propose d'*échauder* les racines de la vigne au moyen d'*eau* ou d'un jet de vapeur.

Résultat : mauvais pour la vigne.

197. NOIRMONT-WALLES (L.), de Sisteron, emploie le *phénure de potassium*, pour détruire le phylloxéra.

Résultat : non constaté.

198. NOURRIGAT (E.), préconise le *procédé Bou*.

Résultat : voir N° 30 (Bou.)

199. OLIVIER, du Poulet, a fait répandre sur toute la surface de sa vigne, de la *chaux* à raison de 6 kil. par mètre carré ; il a fait labourer afin d'enfouir la chaux ; deux jours après survint la pluie.

Résultat : nul, mais n'est pas décisif.

200. Idem, a constaté l'impuissance du *chlorure de sodium* à tuer le phylloxéra.

201. Idem : Essais divers avec *sel marin, acide sulfurique, acide hydrochlorique, perchlorure de fer, soufre*, dissous dans la *chaux vive, mortifère Georges, compost Forot*.

Résultats : tous négatifs.

202. PAGANI : Arrosage des ceps avec une décoction de 100 gr. *d'aloès*, 10 gr. de *sulfate de cuivre* et 50 gr. *d'assa-fœtida* dans 10 litres *d'eau*.

Résultat : complètement nul dans le Midi.

203. PAILLONNE (Vicomte de la), préconise l'emploi du *sable* mis autour de la souche afin de boucher le seul orifice par où, selon lui, pénètre le phylloxéra dans le sol.

Résultat : très-douteux.

204. PANET : Arrosage des ceps avec une décoction de 250 gr. de *feuilles de noyer* dans 10 litres *d'eau*.

Résultat : complètement nul dans le Midi.

205. PARVILLE (H. de), conseille de déposer au tour des ceps *des rognures de cuivre*, afin que la pluie en tombant se charge de *carbonate de cuivre* qui pénétrerait de la sorte jusqu'aux racines pour tuer les pucerons.

Résultat : pourrait être dangereux pour la vigne.

206. PAULIAC (François), de Bordeaux, propose de détruire le phylloxera au moyen d'un *engrais insecticide*.

Résultat: non vérifié, paraît très-incertain.

207. PEILLARD (D[r]-M[e]), à Donzère, préconise le *sable* comme préservatif.

Résultat : a déjà été proposé inutilement.

208. PELET, de Nîmes, préconise l'emploi de *sulfure de potassium* et de *sulfate d'ammoniaque* :

Résultat : inconnu.

209. PELLETAN, de Bordeaux, propose l'emploi du *chlorure* de *odium*.

Résultat : a été très-bon dans certains cas, à petite dose.

210. PELOUZE (Eugène) : Dépôt au pied des ceps d'une substance appelée *soufre noir*.

Résultat : dans le Midi, complètement nul.

211. PENNARUN (David de), a essayé vainement l'emploi du *soufre* et de la *chaux*, du *goudron*, du *pétrole* et de la *cendre*.

Résultat : nul dans le Midi.

212. PÊNE (J.-A.), propose d'isoler au moyen de fossés et de talus, la vigne contaminée et de détruire le puceron avec le *pestivore*.

Résultat : nul.

213. PÉRILLAT, propose *eau* 99 °/₀ et une composition à lui 1 °/₀.

Résultat : Essai fait à Vauxrenard, vignes devenues très-belles.

214. PERRIER (le D[r].), de Nîmes, et ROUVIÈRE, pharmacien, proposent pour tuer le puceron, l'emploi de *vapeurs ammoniacales* dégagées dans des trous pratiqués dans le sol, par la réaction instantanée de la *chaux vive* en poudre sur le *sel ammoniac* ou sur le *sulfate d'ammoniaque*.

Résultat : nul.

215. PETIT, de Nîmes, propose d'arracher les pieds et de brosser les racines avec mélange de *goudron*, de *chaux d'usine à gaz* et *d'eau ammoniacale*.

Résultat : non constaté, mais très-douteux.

216. Idem, propose l'emploi *d'eau ammoniacale* et de *goudron*.

Résultat : controversé.

217. PETIT-ROBERT : Arrosage des ceps avec une décoction 20 gr. *d'assa-fœtida*, 60 gr. de *tabac*, 40 gr. de *marrube blanche* et 2 gr. de *nitrate d'argent* dans 2 litres *d'eau*.

Résultat : dans le Midi, complètement nul.

218. PEYRAT de Paris : Dépôt à chaque cep d'un litre de poudre particulière appelée *insecticore Peyrat* ; son prospectus porte 250 gr.

Résultat : dans le Midi et dans la Charente-Infre, complètement nul.

219. PIQUET, de Bordeaux : Emploi d'une *substance inconnue* avec ou sans addition d'*eau*.

Résultat : nul

220. Idem : Arrosage des souches avec un *liquide inconnu*.

Résultat : nul.

221. PLANCHON, professeur à la Faculté de Montpellier, préconise comme insecticide, l'emploi du *bisulfure de calcium* et d'un *soluté alcalin d'huile de cade*.

Résultat : nul.

222. Idem, préconise l'introduction en France d'*insectes d'Amérique mangeurs* de phylloxera.

Résultat : fort douteux.

223. Idem, préconise l'*arrachage* et le *brûlis*.

Résultat : démontré insuffisant.

224. Idem, conseille l'introduction en grand des *vignes américaines*. (Voir son travail sur les vignes américaines).

Résultat : déplorable pour nos vins français si on adoptait ses conclusions, surtout quand lui-même a signalé, dans son ouvrage intitulé : *Le Phylloxéra fait acquis, et revue bibliographique*, LE DANGER DE L'IMPORTATION DIRECTE DES CÉPAGES AMÉRICAINS COMME VÉHICULE POSSIBLE DU PHYLLOXÉRA.

225. PLANTIN (Théod.), de Sarrians, propose comme insecticide l'emploi de *cendre* mélangée de *goudron*.

Résultat : inconnu, mais douteux.

226. POLLIER, de Paris : Badigeonnage des ceps avec 1/15 de litre d'*huile de baleine* et 1/30 de litre de *pétrole*.

Résultat : mauvais pour la vigne dans le Midi ; quelques-uns n'ont repoussé que du pied.

227. POMIER-LAYRARGUES, de Montpellier, préconise l'emploi de la *terre coaltarée*.

Résultat : complètement nul dans le Midi.

228. POMBREAU, notaire à Gourdon, (Lot), propose d'arroser les souches malades avec un liquide composé de 4 litres de *pétrole* versé dans 1 hectolitre d'eau.

Résultat : dangereux pour la vigne.

229. PONSARD : Introduction dans des trous pratiqués à la base de la tige, de 2 à 3 *gr.* de *sulfure de potassium*, et fermeture du trou avec du mastic.

Résultat : dans le Midi complètement nul.

230. IDEM : même opération que précédemment avec 1 gr. de *calomel*.

Résultat : identique.

231. PRAX (l'abbé), a proposé le premier en 1872, l'emploi du *sable* pour éloigner le phylloxéra.

Résultat : très-douteux.

232. QUEHEN-MALLET : Arrosage des pieds avec 6 litres de la composition suivante : macérer 5 à 6 jours 1 kil. de *poussier de tabac*, 5 litres de *sves de bois*, 4 têtes d'*ail*, broyées dans 1 hectolitre d'eau, ajouter à la solution 300 gr. de *sulfate de fer* et 200 gr. d'*acide phénique*.

Résultat : complètement nul dans le Midi.

233. RABOUTET (Chevalier), de Bordeaux, propose une *eau anti-phylloxérique* composée de 90 litres *eau de mer*, 2 litres *acide acétique*, 2 litres *assa-fœtida* en poudre, 6 litres *soufre sublimé* ; mêler 2 litres de cette composition dans 18 litres d'eau et arroser la vigne.

Résultat : inconnu.

234. RAFEL : Dépôt au pied des ceps d'une *poudre particulière*.

Résultat : complètement nul dans le Midi, mais à revoir.

235. IDEM : Introduction dans des trous pratiqués autour des ceps de 1/10 de litres par chaque trou d'un *liquide particulier*, et bouchage immédiat après l'introduction du liquide.

Résultat : dans le Midi, nuisible à la vigne.

236. RAINAUD, de Cravant : Arrosage des ceps avec une solution de 500 *gr. savon noir* dans 10 litres d'*eau*.

Résultat : assez bon dans le Midi.

237. RAVEAU, de Ribérac, propose de détruire le phylloxéra au moyen de *l'onguent gris*.

Résultat : sera nul.

238. RENAUX, propose l'emploi d'un *engrais insecticide*.

Résultat : inconnu.

239. RICHARD, a proposé l'emploi de la *sciure de pin* pour écarter le phylloxéra.

Résultat : inconnu.

240. RIGAUX, de Nice, propose l'arrosage des vignes avec une infusion de *tabac*.

Résultat : a été essayé plusieurs fois sans effets.

241. ROBBY : Badigeonnage des ceps avec 1 litre d'huile de *pétrole* pour 50 litre d'*eau*.

Résultat : dangereux pour la vigne, dans le Midi.

242. ROCHE, préconise l'emploi du *coaltar*.

Résultat : nul.

243. ROESLER (Dr L.), propose à Klosterneuburg, près Vienne, la *vapeur d'eau* à 60° ou 70° Celsius, combinée avec la production simultanée du *gaz ammoniaque* ou du *gaz hydrogène phosphoré* spontanément inflammable.

Résultat : inconnu, mais très-douteux.

244. ROHART, de Paris : Introduction par quatre trous faits à la pince à chaque souche de vigne, de 107 gr. de *sulfure de calcium* et 388 gr. d'*acide sulfurique* à 45°, afin de détruire l'insecte par la production d'*hydrogène sulfuré*.

Résultat : complètement nul.

245. Idem : Introduction dans quatre trous faits aux pieds des souches avec une pince, mais avec des entonnoirs en cuivre, d'un mélange composé de *carbonate de chaux*, de *sulfure de calcium* et d'*acide chloridrique*.

Résultat : complètement nul.

246. Idem, propose d'introduire dans la terre des *gaz insecticides* au moyen d'une pompe à air.

Résultat : inconnu, mais devra être nul.

247. Idem, de Paris, préconise l'emploi de différents *hydro-carbures* insufflés, à l'état de vapeur, sans mélange d'air, au moyen d'une seringue de son invention.

Résultat : nul comme ses autres essais.

248. ROLLAND (chanoine), propose l'inoculation dans le cep de l'essence pure de l'*eucalyptus globulus*.

Résultat : inconnu.

249. ROMMIER, préconise l'emploi des *alcalis* provenant de la houille.

Résultat : ne peut pas être bon.

250. ROUVIÈRE (François), de Montpellier, propose l'emploi d'*eau saturée d'acide sulfureux*.

Résultat : inconnu, ne peut être bon.

251. ROUVIÈRE, de Nîmes, et le Dr PERRIER : Dégagement local dans le sol d'*ammoniaque* en enfouissant de la *chaux* et du *sel ammoniacal*.

252. ROUX, donne les résultats obtenus par l'*arrachage* des vignes à Lunel-Viel.

Résultat : complètement nul.

253. RULLEAU : Arrosage des ceps avec 10 litres d'*eau* contenant 300 gr. de *chaux* et 100 gr. de *soufre*.

Résultat : dans le Midi, complètement nul.

254. RUSSEL, d'Albani (Etats-Unis) : Introduction dans un trou pratiqué dans la tige et fermé immédiatement avec du mastic, de 2 à 3 gr. de *soufre*, au printemps.

Résultat : dans le Midi, complètement nul.

255. SABARDIN (C.), de Sauveterre, propose d'employer 50 gr. de *vitriol* dans un litre d'eau en arrosage au pied de chaque souche.

Résultat : nul.

256. SACC (Dr), préconise comme insecticide, l'eau de *savon vert*, le *tabac*, l'*aloès*, les *feuilles* de *noyer*, la *farine* de *tourteau* de *colza*, le *sable naphthalisé*.

Résultat : pour la plupart nul.

257. SAINPIERRE : Saupoudrer les racines : 1° avec 100 gr. d'*acide arsénieux*.

Résultat : dans le Midi, complètement nul ; même essai avec 150 gr., même résultat.

258. IDEM : Introduction dans un trou pratiqué dans la tige et refermé à l'aide du mastic de 1 gr. de *sublimé corrosif (bichlorure de mercure)*.

Résultat : dans le Midi, complètement nul.

259. IDEM : Dépôt, au pied, de *phosphore* et fort *arrosage* après avoir recouvert de terre.

Résultat : complètement nul dans le Midi.

260. SAINT-LÉON-BOYER-FONFRÈDE (J.), de Bordeaux, propose d'*attirer* sur le sol au moyen de *miel*, de *sirop*, de *raisin*, de *mélasse*, etc., le phylloxéra et de le *tuer* à l'aide d'un *insecticide*.

Résultat : complètement nul, le moyen est *impraticable*.

261. SAINT-TRIVIER (Vicomte de), propose de déchausser la vigne à la fin de l'automne pour faire détruire le puceron par le *froid*, par la *pluie* et les *rigueurs de l'hiver*.

Résultat : nul.

262. SANS : Badigeonnage du tronc et des racines avec 1/40 de *térébenthine* dans 1/20 de litre d'*eau*.

Résultat: dans le Midi mauvais pour la vigne qui est brûlée, mais qui néanmoins repousse du pied.

263. SAUREL (Dr), de l'Isle (Vaucluse), propose de mettre une couche de *plâtre* gâché au pied des ceps préalablement déchaussés comme barrière opposée à l'insecte.

Résultat : nul.

264. SEIGLE : *Arrosage* ou *submersion* des vignes.

Résultat : le plus souvent nul.

265. SERVIER, propose contre le phylloxéra une *pâte insecticide* dite *américaine*.

Résultat : plus qu'incertain.

266. SPEKEL : Dépôt au pied des ceps d'une *poudre particulière*.

Résultat : dans le Midi, complètement nul.

267. TACUSSEL (Eugène), de Jonquerette, préconise l'*arachis* après avoir employé inutilement le *sel*, le *soufre* et la *chaux vive*.

Résultat : nul.

268. TALLET (Louis), du Thor, a essayé vainement l'emploi du *fumier*, du *plâtre*, de la *chaux*, du *soufre*, du *sulfate* de *fer* et préconise l'*inondation*.

Résultat : presque nul.

269. TAPIE (Jean), préconise l'arrosage des souches, deux fois par an avec de l'*eau camphrée*

Résultat : inconnu, ne peut être bon.

270. TARDIEU, d'Orange, a employé la *submersion*.

Résultat: fort incertain.

271. T.-H., propose l'*acide salicyclique* étendu d'eau à divers dosages.

Résultat : à l'essai.

272. THENARD (le baron Paul), membre de l'Institut, propose, le premier, l'emploi du *sulfure* de *carbone*.

Résultat: très-dangereux pour l'*expérimentateur* et la *vigne*.

273. THOURET (Mme) : Dépôt au pied de vigne de 2 kil. d'une *poudre secrète* délayée dans 10 litres d'eau et introduction dans une fente pratiquée dans le bas de la tige du cep.

Résultat : dans le Midi, nul.

274. TIMBAL : Dépôt au pied de vigne de 20 gr. de *chlorure* de *chaux* et de 5 gr. de *passerage (Lepidium ruderale)* finement pulvérisé.

Résultat : dans le Midi, complètement nul.

275. **TONDEUR**, de Paris, recommande l'*apathophyte* qui serait une sorte de *saconule* contenant une *huile sulfurée* dérivant du *caoutchouc volcanisé*.

Résultat : inconnu, mais fort douteux.

276. **TOUSSAINT**, de Bourges, propose l'infusion à froid de 3 paquets de *tanaisie*, 3 ou 4 *oeillets*, un gros paquets de *cigué*, 1 gros paquet de *poireau*, une 5me *plante qu'il ne nomme pas*, le tout dans 700 litres d'eau.

Résultat : le remède n'a pas été essayé.

277. **TRESGOT** (L.), propose l'emploi de 10 kil. de *chaux* dans 100 litres d'*eau* et de 10 litres *acide sulfurique* également dans 100 litres d'*eau* employée en arrosage par demi-litre par cep.

Résultat : inconnu.

278. **TRIGAN**, Saint-Genez, propose un *remède secret* sous le nom de *liquide vengeur*.

Résultat : nul.

279. **TRIMOULET** (A.-H.), de Bordeaux, conseille l'emploi en arrosage, de 10 litres d'eau provenant d'une décoction de 10 kil. *feuilles ou débris de tabac*, 6 kil. *sel marin*, dans 100 litres d'*eau*

Résultat : à revérifier.

280. **UNION SÉRICICOLE** de Valréas, conseille l'emploi du *soluté alcalin* d'*huile de cade*, et de *bisulfure* de *calcium*.

Résultat : nul.

281. **VERGEZ D'ESBŒUF**, prétendant que le phylloxéra a été porté en France par l'importation des *guanos*, propose de les prohiber.

Résultat : serait complètement nul.

282. **VERGNE** (Cte de la), de Bordeaux, estime que pour avoir raison du phylloxéra, il faut lui rendre malsaines ou inaccessibles, les parties de la vigne, sur lesquelles il s'établit. Il propose le badigeonnage des ceps avec le *coaltar*, pour opposer à l'insecte un obstacle, qui l'empêche d'entrer dans le sol, ou dans sortir.

Résultat : inconnu, employé en 1869 par M. Leydier de Gigondas et Lemaire.

283. **Inconnu**, propose de coaltarer les souches des vignes, pour les préserver de l'invasion du phylloxéra, en s'opposant à l'accomplissement par l'insecte, des conditions nécessaires à sa reproduction, et propose à cet effet des instruments, pour enlever les vieilles écorces.

Résultat : (Procédé à l'étude.)

284. VIALLA (Louis), de Montpellier, en mettant de côté la certitude de l'efficacité du *sulfure de carbone*, dit que tout l'outillage pour opérer est encore à créer, et que par conséquent les résultats ne peuvent être connus.

285. VICAT, de Paris, propose sa *poudre insecticide* connue de tout le monde.

Résultat : nul.

286. VIE-ANDUZE, préconise l'*inondation*.

Résultat : fort douteux.

287. VIGNEAU, préconise l'emploi de la *poudre de coaltar* aux pieds des souches.

Résultat : nul.

288. VIGNIAL (J.), de Bordeaux, indique plusieursremèdes *insecticides* et *engrais*.

Résultat : à vérifier.

289. VILLES, a employé la *chaux*.

Résultat : complètement nul dans le Midi.

290. VOIRET : Dépôt au pied des ceps d'une substance composée de 1 litre de *poussière de schiste*, de 1 litre *eau ammoniacale*, de 5 litres *eau ordinaire*, de 1/2 litre de *charbon de schiste*.

Résultat : dans le Midi, complètement nul.

291. WALLES. (Voir NOIRMONT.)

292. WITWER, propose la destruction du phylloxéra au moyen de la *naphtaline*.

Résultat : inconnu ; doit être nul.

293. X. propose l'emploi de *l'huile de schiste*.

Résultat : très-mauvais, tue la vigne.

294. XX. : Arrosage des ceps avec un liquide provenant d'une solution de 600 gr. d'*os* en poudre, mis dans 400 gr. d'*acide sulfurique*, étendus de 4 litres d'*eau*.

Résultat : dans le Midi, complètement nul.

295. XX : Arrosage des ceps malades avec 1 litre d'eau contenant 30 gr. *savon noir* dissous.

Résultat : à revérifier.

296. Y : Arrosage des ceps malades avec la composition suivante : 60 gr. *tabac* (débris) dans 2 litres d'eau.

Résultat : à revérifier.

297. Z : Arrosage des ceps malades avec 106 litres eau contenant 1 litre *acide chlorhydrique*, 100 gr. *sulfate* de *fer* pour 25 pieds.

Résultat : à revérifier.

II. — SYSTÈMES ANTIPHYLLOXÉRISTES

ENGRAIS & CULTURE

298. A. : Dépôt, aux pieds des ceps malades, de 500 gr. de *carbonate de chaux* et de 100 gr. de *soufre*.

Résultat : à vérifier.

299. AA. : Dépôt aux ceps malades de 6 kil. *fumier* d'*étable* et de 200 gr. *sulfate* de *fer*.

Résultat : à vérifier.

300. ABADIE, propose l'emploi du *pentosulfure de chaux*, 300 gr. par souche.

Résultat inconnu.

301. ALLIER : Fumure avec un kilog de *tourteau de ricin*.

Résultat : presque nul dans le Midi.

302. ALPHANDERY fils : *Arrosages* d'été dès 1868.

Résultat : plus ou moins obtenu.

303. IDEM, conseille comme engrais le *sel marin*.

Résultat : bon.

304. ANDOQUE : Arrosage des vignes avec une solution de 20 litres d'*urine* et 100 gr. de *sulfure de potassium*.

Résultat : excellent dans le Midi.

305. ANEZ : Dès 1870, l'auteur revendique la priorité de l'emploi de l'*eau* en *irrigation* ou *inondation*, contre le phylloxéra.

Résultat : non constaté et fort douteux.

306. ARMANI : Badigeonnage des ceps de vigne avec un mélange de 1/2 litre d'*eau*, de 1/20 de litre de *térébenthine*, de 1/10 de litre de *chaux*, de 1/10 de litre de *soufre* et de 50 gr. de *goudron*.

Résultat obtenu dans le Midi : nul.

307. AUDINOT : Dépôt aux pieds attaqués de 250 gr. d'*engrais* de *Bondy*.

Résultat : à vérifier.

308. IDEM : Dépôt, aux pieds attaqués, de l'*engrais Audinot*.

Résultat : à vérifier.

308 bis. BACQUET (A.), propose l'engrais *potassico-sodique*.

Résultat : inconnu.

309. BALGUERIE (Raoul), de Bordeaux, préconise le *semis* pour régénérer la vigne.

Résultat : voir N° 468, (Vignial et Trimoulet.)

310. BALTET (Ch.), propose, en 1870, le *provinage* en *sec*, au printemps, en *vert*, en été, comme moyen de donner de la vigueur aux vignes.

Résultat : inconnu.

311. BARNIER : Emploi de *chaux vive* arrosée avec du *purin* de *fosses d'aisance*.

Résultat : inconnu, doit être bon.

312. BARRAL, propose un engrais *nitro-phosphaté*.

Résultat : ne peut être que bon.

313. BAZILE (Gaston), a signalé les bons effets d'une fumure de *guano*, sur une vigne phylloxérée à Roquemaure, en 1870.

Résultat : non confirmé.

314. Idem, a proposé l'usage d'*urine de vache*.

Résultat : bon.

315. BELOUGOU : Dépôt, au pied des ceps, de 2 kil. 800 gr. d'un mélange formé de 2 parties de *sulfate d'ammoniaque* et d'une partie de *chaux éteinte*.

Résultat : complètement nul dans le Midi.

316. BERTRAND, de Béziers, préconise l'emploi préventif de la *chaux*.

Résultat : douteux.

317. BESSON, de Strasbourg, propose d'employer 100 grammes par cep de *potasse* du commerce, l'enfouissant et la laissant dissoudre par les pluies.

Résultat : inconnu.

318. BILLEBAUT, de Sens : Dépôt à chaque pied, de 5 kil. de *fumier de ferme*, de 1 kil. de *rognures de cuir* et de 1/2 kil. de *chaux*.

Résultat : dans le Midi, nul.

319. BLANCHET, préconise l'emploi de la *chaux*.

Résultat : controversé.

320. BOISSIER, de Nîmes, conseille l'emploi du *sel de cuisine*, soit aux pieds des vignes préalablement déchaussés, recouverts avec du *sable de mer* et ensuite de la terre.

Résultat : inconnu.

321. BOITEAU, de Villegouge, propose le *lupin* comme culture intercalaire.

Résultat : inconnu.

322. BORIE, préconise l'emploi de la *terre de solfatare* de *Pouzzol*.
Résultat : inconnu et peu certain.

323. BOSSY, propose comme engrais, la *chaux sulfureuse animalisée*.
Résultat : ne peut être que bon.

324. BOUISSON (député de l'Hérault), a proposé à la Commission de l'Assemblée Nationale, tenue à Montpellier en 1873, d'*interdire de replanter trop vite les vignes arrachées*.
Résultat : est très-bon pour l'*amendement* du *terrain* et non pour la destruction du phylloxéra.

325. BOYER (Félix), propose les *fumiers chimiques*; il conseille l'addition de *sel de potasse*.
Résultat : inconnu.

326. BRIMARD (Marquis de), signale comme très-bon l'emploi du *sulfure de potassium*.
Résultat : inconnu.

327. BRO, de Landernau ; Fumure des pieds avec 5 kil. de *fumier*, 5 kil. de *cendre* et arrosage avec 5 litres d'*eau* et 60 gr. de *chlorhydrate d'ammoniaque*.
Résultat : dans le Midi, assez bon.

328. BROUZET (Dr), secrétaire-général de la Société d'Agriculture du Gard, réclame la priorité pour l'idée de *laisser* les *vignes* sans *culture*.
Résultat : doit être vérifié.

329. CABIEU (V.), de la Teste (Gironde), préconise l'emploi d'un engrais ayant pour base les *méduses* macérées et pulvérisées, additionnées de 10 % de potasse.
Résultat : inconnu.

330. CARTIER, ingénieur, de la Cie des Salins du Midi : Essais avec *chlorure de sodium*, de *potassium* et de *magnésium* isolés, avec les *sulfates alcalins* et l'*engrais alcalin brut* des salines.
Résultat : action fertilisante sur la vigne.

331. IDEM, a conseillé les *engrais alcalins* de *Berre*.
Résultat : bon.

332. CAUSSE (L.), de Nîmes, Présid. de la Soc. d'Agr. du Gard, propose de laisser sans culture le sol de la vigne malade, en la soumettant à une taille convenable.
Résultat : doit être vérifié.

333. CAVAGNA (L. F.-M.), propose l'arrosage des pieds malades avec 100 litres *urine* ou *purin de ferme* contenant 1 kil. *acide sulfurique*

2 kil. 500 gr. de *goudron minéral* ou *coaltar*, 4 kil. *sel marin*, 3 kil. *charbon de bois* pulvérisé étendu de 600 à 1600 lit. *d'eau*, suivant terrain.

Résultat : à vérifier, peut être bon.

334. Idem : Arrosage avec 100 litres *d'urine* ou de *purin de ferme*, contenant 5 kil. de *sel marin*, 6 kil. de *charbon de bois pulvérisé* et si l'on peut un à deux kil. *sel de potasse* ou *cendres de végétaux* étendu de 400 à 800 litres *d'eau*, suivant terrain.

Résultat : à vérifier peut être bon.

335. Idem : Arrosage avec 50 litres *purin* contenant 8 kil. *phosphate de chaux en poudre impalpable*, 3 kil. *sel marin*, 500 gr. *charbon de bois en poudre*, 500 gr. *cendres de charbon de terre de tourbe ou de résidus de tanneries* étendus de 400 à 800 litres d'*eau*, suivant terrain.

Résultat : inconnu, peut être bon.

336. Idem . Arrosage avec 2 litres d'*urine* ou 4 litres de *purin* contenant 500 gr. de *sel marin* et 100 gr. de *suie*; on peut remplacer la suie par 200 gr. de *cendre* de *bois*, de *charbon*, ou de *tourbe* étendue de 400 litres d'*eau*.

Résultat : inconnu, peut encore être bon.

337. CAZALIS (Fréd.), préconise, selon l'idée de M. Gaston Bazile, l'emploi des *arrosages* à l'*urine* de *vaches pure*.

Résultat : voir n° 314 (Bazile G.)

238. CHALÈS (A.), de Bordeaux, préconise l'emploi du sel *(chlorure de sodium)* 10 % avec engrais ou terreau.

Résultat : assez bon.

339. CHIRON, d'Avignon, propre agriculteur, conseille, dit-il, depuis le mois de Juillet 1868, les *inondations d'été*.

Résultat : Plusieurs rapports favorables de MM. Bedel et Chaillot; cependant ce procédé dont la priorité est contestée, demeure encore et toujours très-douteux.

340. COIGNET, préconise les *engrais* unis au *soufre*.

Résultat : bon.

341. COMMISSION DÉPARTEMENTALE DE L'HÉRAULT : Arrosage des ceps avec une solution de 3/4 de litre de *goudron* dans 15 litres d'*urine* de *vaches*.

Résultat : dans le Midi, presque nul.

342. Idem : Arrosage des ceps malades avec 15 litres d'*urine* de *vache*.

Résultat : dans le Midi, bon.

343. Idem : Fumure des ceps avec 1 kil. de *tourteau* de *colza* réduit en poudre.

Résultat : dans le Midi, complètement nul.

314. Idem : Fumure des ceps avec 1 kil. de *tourteau de colza* semé à la volée pour une superficie de 2^m 25^c.

Résultat : dans le Midi, complètement nul.

315. Idem : Dépôt au pied des ceps, de 100 gr. de *salpêtre* et fumure de 1 kil. de *tourteau de colza*, semé à la volée sur toute la surface du sol.

Résultat : dans le Midi, complètement nul.

316. Idem : Fumure des ceps avec 1 kil. de *tourteau de sésame noir*, réduit en poudre.

Résultat : dans le Midi, bon.

317. Idem : Fumure avec 1 kil. de *tourteau de sésame noir*, par superficie de 2^m 25^c semé à la volée sur toute la surface du sol.

Résultat : dans le Midi, complètement nul.

318. Idem : Fumure des ceps, avec 1 kil. de *tourteau d'arachide*.

Résultat : dans le Midi, bon.

319. Idem : Fumure avec 1 kil. de *tourteau d'arachide*, par superficie de 2^m 25^c semé à la volée sur toute la surface du sol.

Résultat : dans le Midi, presque nul.

350. Idem : Fumure des ceps avec 100 gr. de *carbonate de potasse*.

Résultat : dans le Midi, complètement nul.

351. Idem : Fumure des ceps avec 1 kil. 500 de *cendre de bois*.

Résultat : complètement nul dans le Midi.

352. Idem : Fumure des ceps avec un mélange de 100 gr. de *nitrate de potasse* de 25 gr. de *soufre sublimé*, de 25 gr. de *charbon*.

Résultat : dans le Midi, complètement nul.

353. Idem : Fumure des ceps avec 10 gr. de *nitrate de potasse*.

Résultat : dans le Midi, complètement nul.

354. Idem : Fumure des ceps avec 1/2 litre ou 1 litre de *guano du Pérou*.

Résultat : dans le Midi, complètement nul.

355. COUTURIER père : Dépôt au pied du cep de 5 ou 6 litres d'*engrais humain* liquide additionné par hectolitre d'un kil. de *sulfate de fer* fondu dans un peu d'*eau*.

Résultat : peut-être bon, mais nous est inconnu.

356. DELBREIL : Arrosage des ceps avec 3/4 de litre de *suie*, 750 gr. de *sulfate de fer*, 1 kil. de *sel de cuisine* et 20 litres d'*urine humaine*.

Résultat : dans le Midi, nul.

357. DELERUE : fumures des ceps avec 5 kil. de *fumier de ferme*, 2 litres de *cendres de bois*, et 1/2 litre de *chaux grasse*.

Résultat : assez bon.

358. DELEUZE, de Paris, propose le moyen suivant : Déchausser la vigne, poudrer les racines avec 1 kil. de *suie*, verser sur la suie 4 litres de *vinasse*, mélangée avec 4 kil. de *soufre trituré* par hectolitre de *vinasse* et recouvrir.

Résultat : à nous inconnu.

359. DELORME, propose d'employer contre la maladie un moyen chirurgical, c'est-à-dire la *taille* ou le *recepage*.

Résultat : a, dit-on, réussi dans certaine partie de la Provence.

360. DESJARDIN : Arrosage des ceps avec une solution de 200 gr. de *sulfure* de *potassium* dans 16 litres d'*eau*.

Résultat : à peu près nul.

361. DESPLANS (Léopold), d'Orange, préconise l'emploi du *fumier*, du *soufre* et du *sulfate* de *fer*.

Résultat : complètement nul; après réussite, perte complète.

362. Idem, propose l'emploi de la *suie* comme engrais.

Résultat : complètement nul.

363. DEVILLE (Georges).

364. DUCRY, de Bédarrides, a employé l'*arrosage* à haute dose.

Résultat : n'a pas sauvé son vignoble.

365. DUFOUR : Fumure des ceps avec 200 gr. de *phosphate* de *chaux fossile*, 160 gr. de *sulfate* de *chaux*, 160 gr. de *sel marin*, 24 gr. de *potasse* de *commerce*.

Résultat : complètement nul dans le Midi.

366. DUMONT (Aristide), a proposé et étudié comme ingénieur en chef des Ponts et Chaussées, un *projet de canal* d'*irrigation* du Rhône pour l'inondation des vignes.

Résultat : à obtenir.

367. DUPLAN : Dépôt aux pieds des vignes de *chaux provenant* d'*usine à gaz*, après avoir brossé les racines avec de l'*eau ammoniacale*.

Résultat : incertain.

368. DUSSOUY, de Port Sainte-Foix (Dordogne), propose d'attirer et de détruire le phylloxéra au moyen de *râpe* de *raisin* brut, telle qu'elle sort du pressoir, mélangée avec 3 °/₀ *azote nitrique, acide phosphorique assimilable* 6 °/₀, *acide phosphorique insoluble* 1 °/₀, *potasse* 15 °/₀, *chaux* 20 °/₀. Cela reviendrait à 500 kil. par hectare.

Résultat : peut être bon comme engrais.

369. ESPINOUSSE (Dr A.), conseille l'emploi du *sulfure* de *potassium*, soit seul, soit mélangé avec de l'*urine*, du *sulfate* d'*ammoniaque*.

Résultat : est, dit-on, assez bon.

370. ESPITALLIER, du Mas-le-Roy, a employé le *sable*, pour arrêter la maladie, mais il faut ajouter qu'il a employé beaucoup de *fumier*. (Voir à ce sujet le rapport de M. Marès.)

Résultat : excellent.

371. ESTINGOY, de Bordeaux : Dépôt d'un kil. à chaque cep de *cendre azotée* par du guano.

Résultat : à revérifier.

372. EVENOPOËL aîné, de Bruxelles : Fumure des pieds avec 200 gr. de *sulfure de potassium concassé* en petits morceaux.

Résultat : dans le Midi presque nul.

373. FAUCON, de Graveson, préconise la *submersion* des vignes totale et prolongée, et non les irrigations partielles, après avoir mis une certaine *quantité de fumier*; de cette manière il réconforte ses vignes.

Résultat : bon.

374. IDEM, préconise l'*engrais salin* de *Berre*.

Résultat : bon.

375. FAUDRIN, à Châteauneuf-de-Gadagues : Incisions longitudinales à 10 centimètres au-dessous du sol et versant au pied des souches 3 litres d'un *liquide* composé de 1 gr. de *sulfate* de *fer* dans 1 litre d'*eau*

Résultat : à vérifier.

376. FIRMIN, de Narbonne : Badigeonnage de tout le pied de vignes avec 3/4 de litre d'une bouillie composée de 5 kil. de *chaux*, de 1 kil. de *sel de cuisine* et 15 litres d'*eau*.

Résultat : dans le Midi, complètement nul.

377 FISCHER (Georges), de Bordeaux : Dépôt d'un *engrais chimique secret*.

Résultat : non constaté.

378. FOROT : Emploi d'un compost qui porte son nom et dont la composition demeure secrète.

Résultat : inconnu.

379. FOUET, préconise l'emploi du *guano*.

Résultat : ne paraît pas devoir être bon.

380. GARY : Dépôt au pied de vigne de 2 gr. de *chlorure* de *chaux* et de 3 gr. de *soufre*.

Résultat : dans le Midi, complètement nul.

381. GASPARIN (de), propose d'essayer la régénération de la vigne par le *semis*.

Résultat : à obtenir, mérite d'être essayé.

382. GAUDEMARIS, conseille l'*eau d'enfer* (eau qui s'écoule des moulins à huile d'olive), 10 à 15 litres par souches.

Résultat : inconnu

383. GAUDIBERD, préconise l'emploi de deux *cépages* dans le Midi, comme *résistant* et *échappant* à la *contagion* :

1° L'*espagnin* (raisin noir), croquant, excellent, mûrit vers le 15 août, mais peu productif.

2° Le *Colombeau* (raisin blanc), mauvais pour le vin, ne va pas à la cuve.

384. GENEST et MONROSIER : Fumure de ceps avec 2 kil. 500 gr. d'un *engrais particulier*.

Résultat : dans le Midi, complètement nul.

385. GIERA et FAUDRIN : Fumure des ceps avec l'*engrais Georges Ville n° 4* pur ou mélangé avec du *soufre* et de la *suie*.

Résultat : dans le Midi, complètement nul.

386. GIRAUD (Paul), préconise les *semis* qui avaient réussi dans le Midi chez M. Besson de Marseille et chez M. Agricol Brunet.

Résultat, voir n° 468 (VIGNIAL et TRIMOULET).

387. GOIRAN : Arrosage des ceps avec une décoction de 100 gr. de *cendre de bois de sapin*, 100 gr. de *suie de bois*, 50 gr. de *sel de cuisine*, 50 gr. de *sulfure* de *potassium* dans 1/2 litre d'*eau* et dépôt du résidu, au pied de la souche.

Résultat : dans le Midi, presque nul.

388. GRANGIER, Bouches-du-Rhône : Fumure des ceps avec 500 gr. de *tourteau* de *sésame noir* bien trituré.

Résultat : dans le Midi, nul.

389. GUILLAUMONT de Sauveterre (A.), recommande pour regénérer la vigne, le dépôt au pied des ceps 250 gr. de *soufre*, de 250 gr. de *sulfate* de *fer* à l'*automne*.

Résultat : non vérifié.

390. H. : Dépôt aux pieds des ceps malades de 15 litres d'*urine* de *vache* contenant 100 gr. *sulfure* de *potassium* concassé et de 200 gr. de *sciure* de *bois*.

Résultat : à revérifier.

391. H.H. : Dépôt aux pieds des ceps malades de 500 gr. de *cendre* de *bois* et de 500 gr. de *charbon* de *bois*.

Résultat : à revérifier.

392. JOIGNEAUX, préconise les *semis* de vigne comme seul moyen

de les régénérer ; il cite comme exemple des essais faits par M. Negrey à St-Jean-du-Gard.

Résultat : bon.

393. JOUBERT (P. Ch.), préconise l'emploi du *plâtre* contre le phylloxéra.

Résultat : inconnu.

394. JOULIE, inventeur d'un engrais qui porte son nom.

Résultat : dans la Charente-Inférieure, nul contre le puceron, la plante est devenue *très-vigoureuse*.

395. L., conseille l'emploi de *fumier* de ferme 10 kil., mélangé avec 200 gr. de *chlorure de sodium*.

Résultat : à l'essai

396. LA BAUME, propose de *receper* entre deux terres, les ceps mourants.

Résultat : peut être bon, en rendant aux vignes la vigueur.

397. LACOSTE, de Nanteuil, propose l'emploi du *bic hlorure de chaux*

Résultat : à revérifier.

398. LANNA : Dépôt de *fleur de soufre* au pied des ceps, 40 ou 50 gr. et arroser avec un litre de *vin alcoolisé*.

Résultat : complètement nul dans le Midi.

399. LAURE (Marc), préconise l'emploi de *terreau* ou de *tourteau* et le *greffage*.

Résultat : à vérifier.

400. LAUREAU, à Kernevel, près Lorient, propose un engrais composé de *débris de poisson*.

Résultat : inconnu, doit être bon.

401. LAURENT, propose un engrais composé de *gras de poisson*.

Résultat : inconnu, doit être bon.

402. LECOQ, propose une *taille particulière* de la vigne, le badigeonnage et l'arrosage des ceps avec 4 litres d'un mélange formé de 50 litres d'*eau*, 50 litres *urine humaine*, 5 kil de *chaux vive*, 1 kil. de *fleur de soufre*, 4 litres de *cendre de bois* et 2 litres de *suie*.

Résultat : dans le Midi, complètement nul.

403. LEEHNARDT, emploie comme engrais les *eaux ammoniacales* de *gaz*.

Résultat : légèrement favorable.

404. LEYRISSON, de Tridon (Lot-et-Garonne), propose de rétablir la vigne dans son état primitif, il évitera ainsi la maladie.

Résultat : inconnu.

405. LILLE, de Paris, recommande un engrais composé de 100 litres *matières fécales*, 10 kil. *chaux calcinée*, 5 litres *vinaigre de vin*, 50 litres *eau naturelle*.

Résultat : inconnu.

406. LOUBET, Président de la Commission de Carpentras, recommande de *greffer* les vignes pour les régénérer.

Résultat : inconnu.

407. LOUIS-PHILIPPE : recouvrir avec de la *cire à cacheter*, *les sections du bois faites par la taille*.

Résultat ; dans le Midi, complètement nul.

408. LUCA (de), de Naples, propose l'emploi de la terre de la *Solfatare de Pouzzol*.

Résultat : inconnu.

409. M., conseille d'enfouir aux pieds des vignes malades, 1/2 kil. de chiffon, et 10 kil. *fumier d'étable*.

Résultat : à l'essai.

410. MAILLET, du Cher : Dépôt au pieds des ceps, d'une poignée de *sel de cuisine* et d'une 1/2 poignée de *suie* recouvert de terre.

Résultat : dans le Midi, nul.

411. MARCHAL, juge de paix du canton de Bourg, soutient la doctrine mise en avant par M. Trimoulet depuis 6 ans, et conclut comme lui au renouvellement de la vigne par le semis.

412. MARÈS (Léon), de Montpellier, préconise les *bons engrais, appropriés aux diverses natures de terrains* et répandus à profusion; il recommande spécialement les *fumiers de ferme*, les *tourteaux de colza*, *de sésame*, *d'arachide*, *de ricin*, etc., à la dose de 2,000 à 3,000 kil. par hectare. La *suie*, les *mélanges de substances goudronneuses*, de *chaux*, de *sels*, de *soufre*, de *sulfate de fer*, etc.; les *purins*, les *solutions de sulfate de potasse*, *de nitrate d'ammoniaque*, des *soufrages réitérés*, des *cultures soignées* et des *drainages biens faits*.

Résultat obtenus ; sont différents.

413. MARTINEAU (P.) de Bordeaux, préconise le *recepage* des vignes malades.

Résultat : ce procédé aurait réussi dans certaines circonstances.

414. MARTINY (de) : Dépôt au pied des ceps de 6 kil. de *boue d'égoût*, 60 gr. de *salpêtre*, 80 gr. de *suie*, 80 gr. de *cendres non lessivées*, 80 gr. de *carbonate de chaux* en poudre, 80 gr. de *tan* et 80 gr. de *chaux*.

Résultat : dans le Midi, nul.

415. MÉNARD et SABATIER : Arrosage des ceps, convenablement fumés, 8 kil. de *fumier de ferme*, 1/5 de litre d'*eau* contenant du *soufre* rendu soluble par un *procédé particulier*.

Résultat : dans le Midi, assez bon.

416. MOREL (Marius), d'Apt, préconise l'emploi de la *chaux éteinte*, de *soufre* et d'*azotate de potasse*.

Résultat : ne peut être que bon.

417. MORLOT, propose l'emploi de la *chaux* provenant des *usines à gaz*.

Résultat : inconnu, ne peut pas être mauvais.

418. X.., préconise l'emploi comme engrais 1/2 kil. *chiffon pur*.

Résultat : à l'essai.

419. NADEAU, préconise l'emploi de la *suie* comme relevant parfaitement la vigne malade.

Résultat : a réussi quelquefois.

420. NAUDIN (Ch.), membre de l'Institut, pense que pour diminuer la maladie il faudrait rendre à la vigne les *conditions de vie* où *elle se trouve à l'état normal*, et pour cela il propose de couvrir pendant un an ou deux le sol des vignes malades d'herbes annuelles ou bisannuelles et de les enfouir à vert.

Résultat : non vérifié.

421. NAULLEAU : Dépôt, au pied des ceps attaqués, d'un 1/2 litre de *cendre de bois* recouverte immédiatement de terre.

Résultat : dans le Midi, nul.

422. O., conseille d'enfouir aux pieds des vignes atteintes de maladie 10 kil. *fumier*, 5 kil. *râpe*.

Résultat : à l'essai.

423. OLIVIER : Fumure avec un mélange de *suie* de *cendre* et de *fumier de ferme*.

Résultat : inconnu, mais doit être bon.

424. P., préconise l'emploi de 10 kil. *terreau* et 5 kil. de *râpe*.

Résultat : à l'essai.

425. PELLICOT, propose de *planter* la vigne *plus profond*.

Résultat : inconnu.

426. PERRET, chimiste, à Moret-sur-Louig : Dépôt au pied des souches, d'un mélange de 80 gr. de *silicate de soude*, 80 gr. de *chlorate de potasse*, de 120 gr. de *sulfate de soude*, 160 gr. de *sulfate de chaux*.

Résultat : dans le Midi, complètement nul.

427. PETIT (Casimir), de Marseille : Dépôt au pied de vignes, de 600

gr. de *bourre grise* ou *poil de chèvre*, provenant des tanneries, mais avec une préparation particulière de l'auteur.

Résultat : dans le Midi, complètement nul.

428. PEYRAUT, propose les *cultures intercalaires* suivantes : *Absynthe, rue, sabine, tanaisie, digitale, sauge, chanvre* et *tabac*.

Résultat : à vérifier.

429. PHELIPPEAU fils aîné, propose, pour fumer, l'*engrais marin* composé de résidus de *matières fournies par la mer, plantes et animaux* ; 1000 kil. par hectare comme remède préventif, et augmenter, suivant le développement de la maladie.

Résultat : à vérifier, mais doit être bon.

430. PICOT, propose de guérir la vigne au moyen d'une *nouvelle taille*.

Résultat : à revérifier.

431. POESSARD (Vincent), de Bordeaux : *Engrais liquide secret* 10 gr. dans 1/2 litre d'eau.

Résultat : bon à revérifier.

432. POISAT (G.), conseille de donner à la terre l'*azote*, l'*acide phosphorique* et la *chaux* qui lui manquent.

Résultat : ne peut être que bon.

433. PONSARD, a indiqué l'emploi du *sulfure de potassium*.

Résultat : à revérifier.

434. PORTAL : Dépôt de 1 kil. de *chaux fusée* au pied du cep et arrosage du tronc avec 1 litre d'eau de *suie* obtenue par la solution de 2 kil. de *suie* dans 50 litres d'*eau*.

Résultat : dans le Midi, complètement nul.

435. PREVOT : Après un 1er labour, répandre sur le terrain 1 kil. de *tourteau de colza* en poudre et recouvrir par un deuxième labour.

Résultat : dans le Midi, complètement nul, mais à revérifier.

436. Q., conseille d'enfouir au pied de la vigne malade, 10 kil. *terreau*, 200 gr. *chlorure* de *sodium*.

Résultat : à l'essai.

437. R., propose l'emploi de la *râpe* sortant de la cuve comme excellent engrais.

Résultat : à l'essai

438. RADAN, de Gracay : Fumure des ceps avec un mélange de 100 gr. d'*alun*, 100 gr. de *noir animal* et 50 gr. de *sel marin*, et recouvert avec de la terre.

Résultat : dans le Midi, complètement nul.

439. RÉGIS, président de la Soc. d'Agr. de la Gironde, a signalé le *Cabernet sauvignon* comme résistant très-longtemps à la maladie.

Résultat : à vérifier soigneusement.

440. RIPPERT (Félix), d'Orange, propose l'emploi d'un mélange de *fumier et de chaux*.

Résultats : n'ont pas répondu aux premiers essais qui avaient parfaitement réussi.

441. RISTE : Dépôt dans un sillon pratiqué entre les lignes et recouvert ensuite, de 1 kil. de *tourteau* de *colza* par cep.

Résultat : dans le Midi, assez bon.

442. ROGIER (L.-J.) de Poulx : Dépôt au pied de 500 gr. *suie* et faisant des trous avec un pal.

Résultat : bon.

443. ROUSSEAU : Dépôt aux pieds des vignes malades du résidu appelé *résidu d'enfer* des moulins à huile.

Résultat : très-bon, mais à vérifier.

444. ROUVIÈRE Père, propose d'*aérer* les vignes en *arrachant un rang* sur trois.

Résultat : nul, procédé n'a pas été tenté.

445. ROY : Dépôt au pied des ceps attaqués, de *terre volcanique*.

Résultat : à vérifier.

446. RUBICHON : Dépôt au pied des vignes malades, de deux poignées de *débris de fabrique de coton, laine et soie passés aux acides*.

Résultat : à vérifier.

447. S., conseille du *fumier* de ferme.

Résultat : à l'essai.

448. SABATIER, propose la composition suivante : *Monosulfure de baryum, bisulfure de potasse et sulfate d'ammoniaque*.

Résultat : inconnu.

449. SAHUT (Félix), de Montpellier, préconise les *engrais* spécialement, par souche ; 1° 5 à 8 kil. de *fumée* ; 2° 100 à 200 gr. de *sulfure de potassium* ; 3° 250 gr. d'*engrais sulfatisé de Berre* et 300 à 300 gr. de *tourteau de colza* ; 4° 500 gr. à 1 kil. de *tourteau de sézame* ou *de ricin* ; 5° 500 gr. à 1 kil. de *suie* de cheminée ; 6° 10 à 20 litres *urine humaine* ou de *vache*, en ayant soin de s'en servir à tour de rôle.

Résultat : doit être bon.

450. SAÏNAL : Arrosage des ceps avec une solution de 6 gr. de *permanganate de potasse* dans 10 litres d'*eau*.

Résultat : dans le Midi, nul.

451. SAINPIERRE (C.), préconise l'emploi des *engrais complets*.

Résultat : très-bon.

452. SAUNIER (Claude), préconise l'emploi du *sulfate* de *potasse* comme moyen préventif, et le *sulfure* de *potassium* comme moyen défensif.

Résultat : inconnu.

453. SAVORNIN, de Lauris, propose une *taille plus courte* avec moins de *coussons*, et l'emploi de *chaux vive* et des *tourteaux*.

Résultat : inconnu, peut être bon.

454. SOULIER-FRANC, propose une culture spéciale de la vigne

Résultat : inconnu.

455. T. : Dépôt aux pieds de vignes de 3 kil. *sable*, 500 gr. *cendre* le *bois* et 100 gr. *sulfate* de *fer*.

Résultat : à vérifier.

456. T.T. : Dépôt au pied de chaque cep, de 150 gr. de *nitrate* de *potasse*.

Résultat : essai à refaire.

457. TAPIE (Jean), préconise l'emploi d'un engrais composé de *vidanges d'aisances* additionnés de *sel marin*.

Résultat : inconnu, peut être bon.

458. TARDIEU d'Orange, a employé la *chaux*.

Résultat : assez bon.

459. THÉNARD (le baron Paul), préconise comme insecticide les *tourteaux* de *colza* préparé à basse température.

Résultat : bon.

460. TOURETTE (Siméon), propose le chanvre comme *culture intercalaire*.

Résultat : à vérifier.

461. TRIMOULET (A.-H.), de Bordeaux, propose comme engrais pour fortifier la vigne, la composition suivante : 3 kil. *case*, 100 gr. *nitrate ammoniaque*, 500 gr. *chlorure* de *sodium*.

Résultat : à vérifier.

462. IDEM, propose le dépôt à chaque cep de 500 gr. *tourteau* d'*arachide*, 50 gr. *nitrate* d'*ammoniaque*.

Résultat : à vérifier.

463. IDEM propose le dépôt à chaque pied de 500 gr. de *tourteau d'arachide* et de 100 gr. de *soufre*.

Résultat : à vérifier.

464. U. : Dépôt aux pieds de vigne de la imposition suivante : 3

kil. *plâtre*, 100 gr. *nitrate d'ammoniaque*, 200 gr. *sel marin*.

Résultat : à vérifier.

465. UU. : Fumure des ceps avec 1 litre de *suie*, 200 gr. *sulfate de fer*, 200 gr. *sel*.

Résultat : à vérifier.

466. VAVIN (Eugène), de Pontoise, propose d'employer le *sulfate de fer* et les *sulfures alcalins* ou la *limaille de fer*.

Résultat : inconnu.

467. VIGNEAU : 1er labour, 10 litres de *chaux* répandue sur une surface de terrain occupée par 25 souches, et 2me labour pour recouvrir.

Résultat : dans le Midi, nul.

468. VIGNIAL de La Tresne, et TRIMOULET préconisent le semis comme devant régénérer la vigne.

Résultat : à obtenir pour vérifier cette idée.

469. VIGOT (Louis), de Bordeaux propose de détruire le phylloxéra au moyen d'eau saturée de *sel marin* versé au pied de la vigne, deux à trois litres suffisent par souche.

Résultat : nul.

470. VILLEMUR, de Marseillan : Arrosage des ceps avec 100 gr. de *sulfure de potassium* dans 16 litres d'*eau*.

Résultat : dans le Midi, assez bon.

471. IDEM, propose au printemps, l'emploi de 1 kil. de *pentasulfure de potassum* dans 1 hectolitre d'*eau* vidés dans des trous pratiqués dans la ligne des rangs de vignes ; pratiqués plusieurs fois dans l'année.

Résultat : non vérifié.

472. VITTON, propose le *topinambour* (*Heliantus tuberosus*) comme culture intercalaire.

Résultat à vérifier.

473. ZOELLER et GRETE, préconisent l'emploi du *xanthate de potasse* et du *superphosphate* déposés au pied de la vigne.

Résultat : inconnu.

III.— SYSTÈMES MIXTES

ENGRAIS-INSECTICIDES

474. BARREAU (Ch.), de Bordeaux, propose d'arroser les racines avec un liquide N° 1, composé de : 1 litre d'*eau*, 10 gr. de *sulfure de potasse*, 6 gr. d'*acide phénique*, 30 gr. *noir animal*, recouvrir immédiatement, et badigeonner la souche avec le *liquide* n° 2 composé de 1 *litre* d'*eau*, 10 gr. de *sulfure de potasse*, 6 gr. *acide phénique*, quantité suffisante de *blanc d'Espagne* pour former une pâte.

Résultat : Procédé essayé à Bordeaux doit être revérifié.

475. BOSSY (P.) Charente-Inf., propose après avoir taillé en novembre les vignes malades, de les blanchir à la chaux, enfouir aux pieds 500 gr. *chaux sulfureuse* animalisée.

Résultat : inconnu.

476. BROCHE : Fumure des ceps avec 5 kil. de *fumier*, 2 ou 3 poignées de *chaux vive*, quelques *cristaux* de *sulfate* de *cuivre* et 500 gr. de *sel marin dénaturé* de *Berre*.

Résultat : dans le Midi, complètement nul.

477. CAMBEYRON, ingénieur civil, propose comme engrais insecticide, un *compost* composé d'*herbes*, de *curures* de *fossés*, de *chaux ammoniacale* de *gaz*, d'*eaux ammoniacales*, d'*hydrocarbures*, d'*hydrosulfures*, de *naphtaline*, le tout arrosé d'une solution de *sulfate* de *fer*.

Résultat : inconnu, doit cependant être bon.

478. CAMOIN Frères et PEYTRAL, proposent un *engrais antiphylloxérique*.

Résultat : inconnu.

479. CHARMET : Dépôt aux pieds des ceps d'un *engrais particulier*.

Résultat : complètement nul.

480. COIGNET Père et Fils : Engrais insecticide au *sulfure* de *calcium*.

Résultat : inconnu, peut être bon comme engrais.

481. COMMISSION DÉPARTEMENTALE DE L'HÉRAULT : Arrosage des ceps avec une solution de 10 litres *urine* de *vache* et 1/10 de litre d'*huile* de *cade*.

Résultat : dans le Midi, bon.

482. DUCASSE (Léon), de Bordeaux : Dépôt au pied des ceps d'un kil. 500 gr. d'un *engrais insecticide* composé de 40 °/₀ *sulfate de potasse*, 40 °/₀ *suie sulfurée* et *créosotée*, et 20 °/₀ *sulfate de fer*.

Résultat : complètement nul dans le Midi ; a été employé par un temps de sécheresse constatée ; a réussi dans certains endroits de la Gironde et de la Charente-Inférieure.

483. Idem, propose un *engrais antiphylloxérique*.

Résultat : divers, à vérifier.

484. DUCOUX et POUILH, proposent l'arrosage avec une infusion de *chanvre*, après avoir, au préalable, mis du *guano* autour de la souche.

Résultat : inconnu.

485. DUGAS et PIOCH : Arrosage des souches avec 87 °/₀ d'*eau*, 10 °/₀ *urine humaine*, et 3 °/₀ de *pétrole*.

Résultat : inconnu.

486. ESPITALIER : *Fumure très-forte* des vignes recouvertes avec du *sable*.

Résultat : excellent d'abord ; commence à chanceler.

487. FISCHET, inventeur d'un *engrais insecticide* qui porte son nom, arrosage des pieds avec 3 litres d'un *liquide secret*, dans 10 litres d'eau.

Résultat : disparition du puceron, même état de la vigne.

488. GUÉRIN et MAJOLIER, de Nîmes, proposent l'*insecticide engrais du Gard* à base de *potasse*, *coaltar*, *goudron*, *sulfures volatils* et *ammoniaque*.

Résultat : inconnu.

489. H. : Arrosage des pieds de vigne avec 6 litres *urine de vache* et 100 gr. d'*huile de cade*.

Résultat : à revérifier.

490. LAVAL (Henri), de Carpentras, préconise l'engrais-insecticide suivant : 9/10 *engrais* de *ferme*, 1/10 *suie*, imprégné de 1/100 d'*acide carbolique*.

Résultat : est, dit-on, excellent dans le Midi.

491. LEEHNART (Henri) : Fumure avec des *fumiers concentrés*, additionnés de *pétrole brut*, de *fleur de soufre* et de *chaux*.

Résultat : non décisif, mais bon ; dernier résultat, inconnu.

492. LÉGAL, de Perpignan, propose d'introduire dans la souche au moyen d'un trou pratiqué avec une vrille, 2 à 3 gr. de *camphre*, boucher ensuite avec de la cire grasse ; puis fumer avec 5 kil. de *fumier* arroser pendant 15 jours avec 10 litres d'*eau* renfermant 30 gr. d'*aloès* et 30 gr. de *goudron*.

Résultat : assez bon dans le Midi.

493. LEGOUÈS et Cie, proposent un amendement qu'ils appellent l'*antiparasitique*, à enfouir aux pieds des souches.

Résultat : à vérifier.

494. LEGROS, médecin vétérinaire à Alger, propose de *fumer énergiquement* et d'employer contre l'insecte une *mèche insecticide* qu'il faut faire brûler en recouvrant les ceps de vigne.

Résultat : inconnu. Ce procédé peut être bon par l'engrais, mais est impraticable pour la deuxième partie du traitement.

495. MEYNIER (H.-A.), a inventé un *engrais* anti-putride et insecticide.

Résultat : non vérifié, mais douteux.

496. MIQUEL de Bordeaux : Arrosage, devant la Commission de la Société Linnéenne, des ceps de vigne avec 1/2 litre d'une *composition à lui*, marquée *A*.

Résultat: à vérifier.

497. Idem : Arrosage devant la même Commission, des ceps de vigne, avec 1/2 litre d'une *composition à lui*, marquée *B*.

Résultat : à vérifier.

498. Idem : Arrosage, devant la même Commission, des ceps de vigne, avec 1/2 litre d'une *composition à lui*, marquée *C*.

Résultat : également à vérifier.

499. PAILHONNE, de Sérignan, aurait préconisé le premier *l'ensablement*.

Résultat : Ne peut être bon qu'employé conjointement avec de fortes fumures.

500. PEYRONNET de Saint-Chinian : Arrosage à plusieurs reprises avec un mélange de 200 gr. *chaux vive*, 1/2 litre *suie*, 100 gr. *sulfate de cuivre*, 100 gr. *sulfate de fer écrasé*, et 10 litres d'*eau* contenue dans des futailles ayant renfermé du *pétrole* ou du *schiste*, addition à la terre de *rognures de cuivre* ou de *sels de cuivre*.

Résultat : dans le Midi, nul.

501. ROGE, PORET, BAFFOY et DUPRÉ, proposent un *engrais* insecticide composé spécialement d'*acétate de potasse*, appelé insecticide *Roge-Poret*; il faut déchausser le pied et l'arroser avec un 1 litre du liquide.

Résultat : inconnu.

502. SARRAT, propose des arrosages avec la composition suivante : 1 kil. *cendre*, 1 kil. *chaux*, 1 kil. *suie*, 1 litre *vinaigre*, 1 lit. *térébenthine*, 1 lit. *huile de cade*, 250 gr. *soufre*, 50 gr. *tabac*.

Résultat: inconnu.

503. TRIMOULET (H.-A.) de Bordeaux, propose comme engrais insecticide, 5 litres *purin*, 50 gr. d'*assa-fœtida*.

Résultat ; à vérifier.

504. VERDAGUEZ de ROUX, propose un engrais spécifique qu'il appelle *antiphylloxérique*, composé ainsi :

75 °/₀ de *cendre végétale*, 15 °/₀ de *suie*, 5 °/₀ *fleur de soufre*, 5 °/₀ *fleur de chaux*; mettre à chaque pied 1/2 kil. ; on arrose avec *eau goudronnée* faite avec 5 litres *coaltar* dans 100 litres *eau*.

Résultat : inconnu et douteux.

505. VILLEDIER, propriétaire à Montélimart, a recommandé depuis 1870, l'emploi du sable-engrais des bords du Rhône.

Résultat : inconnu.

SUPPLÉMENT

506. ARIÈS Père et Fils et CAPDEVIELLE : Fumure au moyen de déchets de *chiffons de laines*.

Résultat : très-bon, surtout uni avec d'autres matières; grande consommation de cet engrais dans le Midi, principalement dans les départements de l'Aude et de l'Hérault.

507. PEYRAT, de Langon, propose un remède secret.

Résultat : semble avoir réussi chez M. de Vèthaire, à Ste-Croix-du-Mont.

IV. — SUBSTANCES
OU MOYENS EMPLOYÉS

A

B

C

H

I

M

N

O

P

CONCLUSION

Je terminerai ce présent mémoire en disant : De tout ce que nous avons lu, entendu et expérimenté depuis sept ans jusqu'à ce jour, rien n'a été susceptible d'ébranler un seul instant, ni même de modifier la conviction profonde où nous étions et où nous sommes encore, que *les ENGRAIS et la BONNE CULTURE, en régénérant et rendant la santé à nos vignes, SONT LES SEULS et UNIQUES MOYENS, pratiques et économiques, d'enrayer la maladie qui les dévore.*

L'exposé des résultats obtenus dans toutes les expériences auront, je l'espère, convaincu nos lecteurs. L'impuissance des insecticides est aujourd'hui démontrée ; depuis longtemps ma conviction était arrêtée sur ce point. *Vouloir sauver la vigne par ce moyen, est une idée inouïe qui ne peut supporter* UN EXAMEN SÉRIEUX, et qu'il faut rejeter comme un songe.

Les engrais seuls ont quelques succès, leurs résultats sont sans réplique, car ces tentatives ont été conduites par nos adversaires, et souvent, faites sous leurs yeux. Il leur est donc impossible de mettre en doute ces conclusions, qui sont toutes à leur désavantage, et qui montrent une fois de plus, leur impuissance à donner *un seul fait* à l'appui des théories, qu'ils avancent et soutiennent depuis sept ans.

Il y a eu et il y aura de tout temps des erreurs, crues scientifiques, admises et sanctionnées par les autorités les plus puissantes de la science, comme cela arrive aujourd'hui pour la maladie de la vigne, et qui par l'influence des personnes qui les propagent, détournent les recherches de leur véritable but en faisant prendre les EFFETS du mal pour la CAUSE.

Le choix des plants de vignes, dans l'épidémie qui nous occupe, n'est pas indifférent ; les sarments ne doivent pas être pris au hasard, mais l'on doit au contraire choisir les plus beaux, les plus fructifères sur les pieds les plus sains et exempts de toute maladie.

Nos études depuis 1868 n'ont donc été que la confirmation de nos premiers travaux ; j'ai la conviction aujourd'hui bien arrêtée, que POUR SAUVER LA VIGNE, IL FAUT LA RÉGÉNÉRER PAR LE SEMIS : ce sera peut-être le meilleur et le seul moyen pratique d'empêcher dans l'avenir son retour.

En attendant, par des moyens culturaux, par les engrais, on ne pourra, que d'une manière factice, relever nos vignes qui sont CONDAMNÉES IRRÉVOCABLEMENT A PÉRIR

Je sais bien que ce jugement déchaînera contre moi bien des tempêtes ; mais en remplissant mon devoir, j'aurais du moins la conviction d'avoir servi mon pays en propageant le seul remède qui existe, contre une maladie qui menace de lui enlever ses plus riches vignobles, et cela dans un très-petit nombre d'années. C'est enfin l'honneur de l'homme de science, de tout sacrifier pour défendre et démontrer la vérité, et rendre utile cette même science, que certaines personnes prennent à tâche de discréditer.

BORDEAUX. — IMP. DE F. DEGRÉTEAU.

OUVRAGES DU MÊME AUTEUR

État actuel de la Sériciculture.
1er Rapport sur la nouvelle Maladie de la vigne.
2e id. id. id.
3e id. id. id.
1er Mémoire id. id.
2e id. id. id.
3e id. id. id.
4e id. id. id.
Lettres sur le Phylloxéra.

POUR PARAÎTRE PROCHAINEMENT

6e Mémoire sur la nouvelle Maladie de la Vigne.

www.ingramcontent.com/pod-product-compliance
Ingram Content Group UK Ltd.
Pitfield, Milton Keynes, MK11 3LW, UK
UKHW022134260726
13993UKWH00003B/1436

9 782329 253275